ASIC 설계

河 永 善 著

普 文 堂

머리말

디지털공학은 과학의 발전과 더불어 오늘날 획기적인 발전을 이루었으며 종합 디지털 시스템의 응용은 정보화 사회의 주축이 되었다. 이러한 산업환경의 변화로 인하여 대학이나 산업체 및 연구소에서 디지털 논리를 이용한 모든 기술이 중요한 위치를 차지하게 되었다.

이 책은 종합논리 회로의 기본적인 설계 방법과 지적소유권의 유지 및 원가절감에 도움이 되는 PLD를 이용하여 조합논리 회로를 구현하기 위하여 PLD의 개요를 설명하고 PLD를 이용하여 조합논리기능을 구현하는 방법을 설명하였다.

독자 여러분의 이해를 돕고 목표의 달성을 위하여 다음과 같은 내용을 강조하여 저술하였다.

제1장에서는 기본논리게이트를 구성하기 위하여 PLD의 전반적인 설명을 하였고, 제2장에서는 가산기와 감산기, 제3장에서는 디코더와 인코더의 설계 방법 및 PLD화, 제4장에서는 멀티플렉서를 이용한 논리회로의 구현방법과 디멀티플렉서의 PLD화, 제5장에서는 플립플롭의 PLD화, 제6장에서는 카운터의 설계방법과 UP-DOWN 카운터의 PLD화, 제7장에서는 시프트레지스터의 PLD화에 대하여 설명하였다.

이 책의 내용을 이해한다면 논리회로의 설계와 논리기능의 PLD화를 자유롭게 할 수 있고 나아가서는 FPGA를 이용한 논리회로의 설계에 도움이 될 수 있다고 생각한다

이 책은 대림대학이 2005년 교육인적자원부의 주문식 재정지원사업의 지원을 받아 제작된 교재입니다.

차 례

제 1 장

강의제목	기본논리게이트				
강의목표	PLD를 이용하기 위한 기초이론을 배우고 이를 응용하여 기본 논리게이트를 PLD로 하여 실험한다.				
참고문헌	교재명	저자명	출판사	페이지(pp)	비 고
	PLD	차영배	다다미디어	11~70	PLD구조, PALASM, 조합회로
	디지털공학	하영선	보문당	3-1~3-30	디지털논리회로 논리함수의 간략화

1. PLD의 장점

PLD의 장점은 PLD의 성질을 잘 표현하고 있다.

(1) TTL에 비해서 실장 밀도가 높다

PLD를 사용하면 TTL 보다 집적도가 높기 때문에 프린트 기판의 면적을 적게 하는 것이 가능하고 TTL보다 2~3배의 집적도를 얻을 수 있어 경제적이고 기기의 소형화가 가능하다.

(2) 지적 소유권을 유지 할 수 있다

PLD는 프로그램이 끝나면 중간의 어레이 상태를 읽지 못하도록 하는 기능이 있다. 따라서 파일정보가 없으면 PLD의 기능을 완전히 이해할 수가 없으므로 PLD의 기밀을 유지할 수 있어 지직 소유권을 하는 일이 가능하다.

(3) 회로 설계가 용이하다

PLD는 전기적인 방법으로 내부 로직을 지울 수 있는 PLD의 종류 PAL(programmable Array Logic), GAL(Generic Array Logic) 등이 있으며, CMOS기술로 만들어져서 소비전력이 적고, 고속이며 로직을 잘못 설계해서 에러가 발생하였을 경우 다시 잘못된 곳을 수정할 수 있으므로 설계에 소요되는 시간이 짧고 사용중 필요에 따라 회로의 수정이 간단하여 회로 설계가 용이하다.

2. PLD의 구성

PLD는 Programmable Logic Device의 약자로서 IC 내부의 배선을 사용자가 임의의 기능을 갖도록 프로그래밍하여 사용하는 IC로서 PAL PLD 16V8, PAL PLD 22V10, GAL PLD 16V8, GAL PLD 22V10 등이 있다. 대표적인 16V8의 구성을 설명하면 다음과 같다.

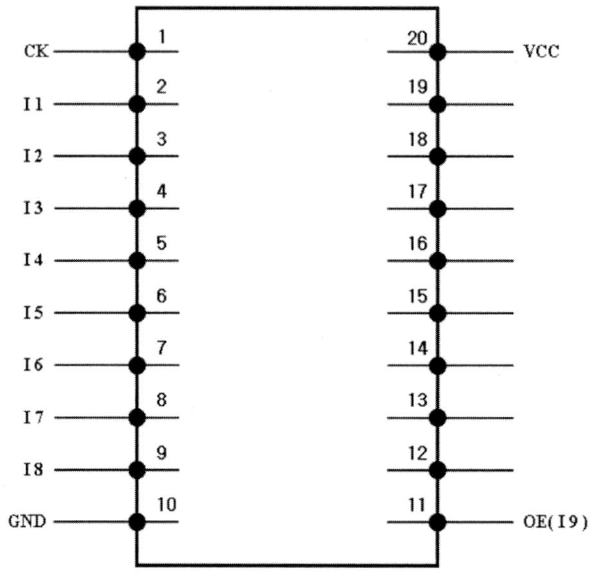

그림 1-1 16V8 구성

① Pin 1번은 clock 입력으로 출력의 동기화 또는 입력신호로 사용할 수 있다.

② Pin 2~9번(8Ea)은 입력단자.

③ Pin 10번은 GND

④ Pin 11번을 OE(Output Enable)입력으로 출력을 3-스테이트버퍼로 제어한다.

⑤ Pin 12~19(8Ea)출력단자.

⑥ Pin 20번은 Vcc

⑦ Traning Bode의 구성은 아래 그림과 같다.

-트레이너 사진-

3. PALASM에서 사용하는 연산자와 키워드

PALASM이란 AMD사의 PAL용 어셈블러로서 PAL의 퓨즈를 절단하기 위하여 논리식을 PAL 라이터가 받아들일 수 있는 통일 코드(JEDEC ;Joint Electron Device Engineer ing Council : 반도체 제조업자의 공적 규약 협회 포맷)로 처리하기 위한 프로그램이다.

특히 PALASM은 앞에서 설명한 AND, OR, NOT 등의 논리 회로를 연산자를 이용하여 논리식으로 나열하기만 하면 된다.

(1) 연산자

PALASM에서 논리 식 표기 방법은 아주 간단하며 각 기호에 대한 의미를 약속으로 정해 놓고 있다. 표 1-1에 연산자의 정의와 예를 설명하였고 그림 1-2에 기본 게이트와 함께 나타내었다.

표 1-1 PALASM에서 사용하는 연산자

연산자	정 의	예
/	NOT	/A
*	AND	A * B
+	OR	A+B
:+:	XOR(Excluseive-OR)	A:+:B
:*:	XNOR(Excluseive-NOR)	A:*:B
=	결과(오른쪽 논리식이 왼쪽에 대입)	F=A*B
:=	D 플립플롭(클록의 상승 모서리에서 동작)	Q:=A*B
*=	래치	Q0*=A*B
;	Comment	; set low before clocking
,	Literal separator	IN[1,3,4] IN[1..4, 6..9]
x..y	Range	INPUT[0..9]
:	Case constant value	0,1:
[ ]	Term brackets	IN[0..9]
( )	우선 연산	OUT3=(A*B)+(C*D*F)
{ }	Substitute	OUT1=A*B*C OUT2={OUT1}*D ; 즉 OUT2=A*B*C*D
' '	스트링	STRING RESET 'A1*/A2'
#b	2 진수	#b101000
#d	10 진수	#d20
#h	16 진수	#h28c
#o	8 진수	#o50
Space, tab	Separator	PIN 2 IN1 REG

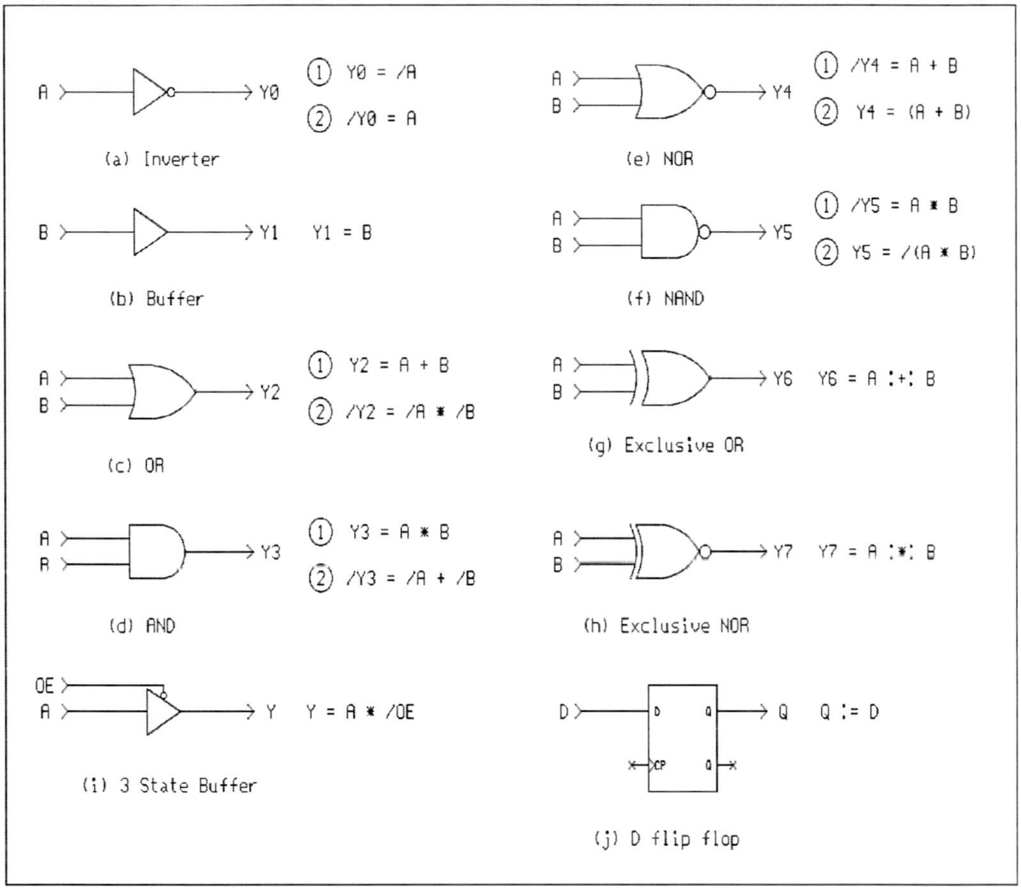

그림 1-2 PALASM에서 사용하는 기본 게이트와 논리식

(2) 키워드

표 2-2에 PALASM에 사용할 수 있는 키워드를 정리하여 나타내었으며, 이 키워드는 핀 이름으로 사용하면 안 된다.

표 1-2 PALASM에서 사용할 수 있는 키워드

키 워 드	설 명	사 용 예
AUTHOR	설계한 사람 이름	AUTHOR 홍길동
PATTERN	설계한 파일의 패턴 이름	PATTERN A
REVISION	수정한 번호	REVISION 1
COMPANY	회사 이름	COMPANY 대림대학
DATE	날자	DATE 01/09/05
TITLE	제목	TITLE GATE
CHIP	CHIP 〈칩 이름〉 〈소자이름〉	CHIP GATE PAL16V8
EQUATION	논리식을 선언할 때 사용.	EQUATION(다음 줄부터 논리식을 서술)
PIN	PIN 이름을 정의	PIN 3 IN1 ; 핀 번호 3의 이름 IN1
STRING	스트링을 선언할 때 사용	STRING X0 'A0 * B0 + /A0 * /B0'
CASE	CASE 문을 사용할 때 사용	다음에 설명
IF-THEN-ELSE	IF-THEN-ELSE 문을 사용할 때	다음에 설명
TRST	3 스테이트 출력에 사용	Y.TRST = /OE
VCC	핀에 논리 "1"을 줄 때 사용	OUT4=VCC
GND	핀에 논리 "0"을 줄 때 사용	OUT4=GND
NC	핀을 사용하지 않을 경우	OUT4=NC

표 2-2의 키워드들을 좀 더 자세히 설명하면 다음과 같다.

① AUTHOR, PATTERN, REVISION, DATE, TITLE

파일을 만들 때 처음에 쓰는 부분이며,

59문자까지 사용 가능하며, 사용 가능한 문자는 A ~Z, 0~9, _, 피리어드 및 한글도 가능하다.

-. AUTHOR : 설계한 사람의 이름

-. PATTERN : 설계한 파일의 패턴 이름

-. REVISION : 설계한 파일의 수정 번호

-. COMPANY : 회사 이름

-. DATE : 설계한 날자

-. TITLE : 타이틀 이름

예 1	파일을 만들 때 앞부분에 있어야 할 키워드

```
TITLE        DECODER
PATTERN      12
REVISION     2
AUTHOR       HONG
COMPANY      대림대학
DATE         01/09/05
```

② CHIP 예약어

CHIP   칩 이름   디바이스 이름

실질적으로 CHIP 예약어부터 파일이 시작된다고 생각하면 된다.

-. 이 예약어는 DATE 다음, PIN 앞에 있어야 한다.

-. 칩 이름은 다음과 같은 규칙이 있다.

ⓐ 14문자까지 가능하며, 첫 번째 문자는 영문자를 사용해야 한다.

ⓑ 연산자, 키워드, 케리지 리턴, 탭, 블랭크 등은 사용할 수 없다.

. 디바이스 이름은 PALASM가 지원되는 PLD 이름을 쓰면 된다.

예 2	CHIP 예약어

```
CHIP     G-1   PAL16V8
```

③ PIN 예약어(CHIP 예약어 다음에 있어야 한다.)

PIN 〈핀 번호〉 〈핀 이름〉

-. 핀 번호는 사용하는 PLD의 핀 번호이다.
-. 핀 이름은 핀 번호에 이름을 할당하며 다음과 같은 규칙이 있다.
  ⓐ 핀 이름은 유일하여야 한다. 즉 또 사용하면 안 된다.
  ⓑ 14문자까지 가능하며, A~Z, 0~9, _를 사용할 수 있다.
  ⓒ 연산자, 키워드, 캐리지 리턴, 탭, 블랭크 등은 사용할 수 없다.

예 3	PIN 예약어

```
PIN  3      IN1        ; active high
PIN  4      /IN2       ; active low
; pin defines 6 pin, all of which are active high
PIN  5..10  STATE_OUT[1..6]
```

④ EQUATIONS 예약어

설계할 파일의 EQUATIONS 예약서는 프로세스의 시작을 나타내며, 이 다음부터 불 함수, 함수식, CASE, IF-THEN-ELSE 문장을 사용하면 된다.

예 4	EQUATION 예약어

```
EQUATIONS
   OUT1=A*D
   OUT2=/OE      ; output enable
```

⑤ GND, VCC 예약어

PIN에 GND/VCC 값을 할당하면 논리 0/1이 할당된다.

예 5	GND, VCC 예약어

```
OUT4=GND    ; OUT4를 논리 0으로
OUT6=VCC    ; OUT6을 논리 1로
```

⑥ 문장 형식

그림 1-3과 같은 GATE를 PLD 16V8을 이용하여 만들어 보자.

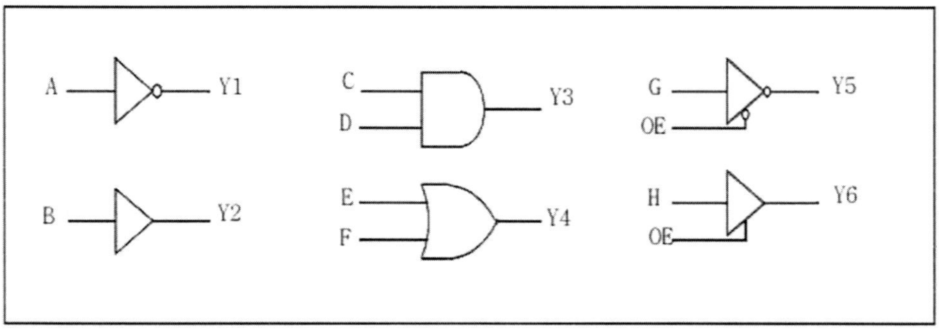

그림 1-3 기본 게이트 1

PALASM 에서는 사용자 논리식이 있는 *.PDS 파일을 입력하여 PLD 포맷에 맞게 변환하고 있다. PDS 파일은 사용자가 즐겨 사용하는 에디터 등을 이용하여 다음과 같은 형식으로 만든다. 예를 들어 파일 이름을 GATE.PDS라 하자.

다음 파일 중 음영으로 나타낸 부분 중 하나라도 빠지면 경고를 발생하게 된다. 경고가 발생해도 무시하고 컴파일하면 된다.

그림 1-3을 트레이너이서 그림 1-4와 같이 내부로직을 구성하다.

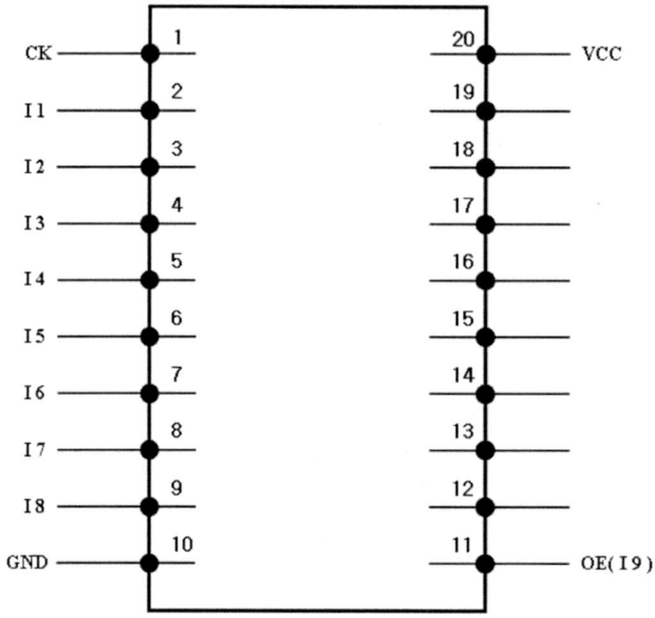

그림 1-4

```
TITLE        GATE.PDS
PATTERN      A
REVISION     1.0
AUTHOR       자동화시스템
COMPANY      대림대학
DATE         01/0/05
CHIP   GATE   PAL16V8
; PIN의 이름을 정의한다.
; 각각 핀을 정의할 때는 사용하지 않은 핀은 정의하지 않아도 된다.
PIN   1      NC
PIN   2      A       ; INPUT
PIN   3      B       ; INPUT
PIN   4      C       ; INPUT
PIN   5      D       ; INPUT
PIN   6      E       ; INPUT
PIN   7      F       ; INPUT
PIN   8      G       ; INPUT
PIN   9      H       ; INPUT
PIN   11     OE
PIN   19     Y1      ; OUTPUT
PIN   18     Y2      ; OUTPUT
PIN   17     Y3      ; OUTPUT
```

```
PIN  16        Y4
PIN  15        NC        ; OUTPUT
PIN  14        NC
PIN  13        Y5        ; OUTPUT
PIN  12        Y6
; 논리식을 만든다.
EQUATIONS                ; 다음부터 논리식을 정의하기 위한 예약어
/Y1=A
Y2=B
Y3=C*D
Y4=E+F
/Y5=G                    ; 논리식 끝에 END문이 없어도 된다.
Y5.TRST=/OE              ; OE입력이 0인 경우 출력된다.
Y6=/H
Y6.TRST=OE               ; OE입력이 0인 경우 출력된다.
;
```

예 6 핀 정의 방법(1)

```
; 핀은 다음과 같이 핀을 다 사용할 경우에는 번호 순서대로 이름을 할당하여도 된다.
; 16V8인 경우에는 핀 10은 "ground", 핀 20은 "VCC"이므로 생략하여도 된다.
; 이때 주의할 것은 사용하지 않은 핀은 NC, GND, VCC 등으로 반드시 선언하여
  야 한다.
; 핀  1   2   3   4   5   6   7   8   9
     NC  X1  X2  X3  X4  X5  X6  X7  X8
; 핀  11  12  13  14  15  16  17  18  19
      OE  Y6  Y5  NC  Y4  NC  Y3  Y2  Y1
```

예 7 핀 번호가 연속인 경우는 다음과 같이 정의

```
PIN 16..19  Y[4..1]
```

4. PLD 프로그램 개발과정

(1) 논리식 만들기

표 1-3과 같은 진리표를 이용하여 조합논리회로의 논리식을 만들고, PLD로 설계하는 방법을 설명하기로 한다.

표 1-3 입력이 3개인 진리표

입 력			출 력
C	B	A	Y
0	0	0	0
0	0	1	0
0	1	0	0
0	1	1	1
1	0	0	0
1	0	1	1
1	1	0	1
1	1	1	1

① 표 1-3출력에 대한 논리식을 만들면 식 (1)과 같다.

Y=A*B*/C+A*/B*C+/A*B*C+A*B*C (1)

② 표 1-4의 불 함수(Boolean function)의 정의를 이용하여 식 (1)을 간소화 하면 식 (2)와 같이 된다.

Y=A*B*/C+A*/B*C+/A*B*C+A*B*C
=A*B*/C+A*B*C+A*/B*C+A*B*C+/A*B*C+A*B*C
=A*B*(/C+C)+A*C*(/B+B)+B*C*(/A+A)
=A*B+A*C+B*C (2)

표 1-4 불 대수의 공식

논리 공식		명 칭
/(/A)=A		정리 1
A*A=A	A+A=A	정리 2
A*B=B*A	A+B=B+A	교환 법칙
A*(B+C)=A*B+B*C		분배 법칙
A+B*C=(A+B)*(A+C)		
A*(A+B)=A		흡수 법칙
/(A*B)=/A+/B		드모르간의 정리
/(A+B)=/A*/B		
A*/A=0	A+/A=1	보수 원칙
A*1=A	A+0=A	단위 원칙
A*0=0	A+1=1	

☞ 이 식들의 증명은 사용자가 이미 알고 있기 때문에 생략하기로 한다.

③ 식 (2)를 논리도를 그리면 그림 1-5와 같다.

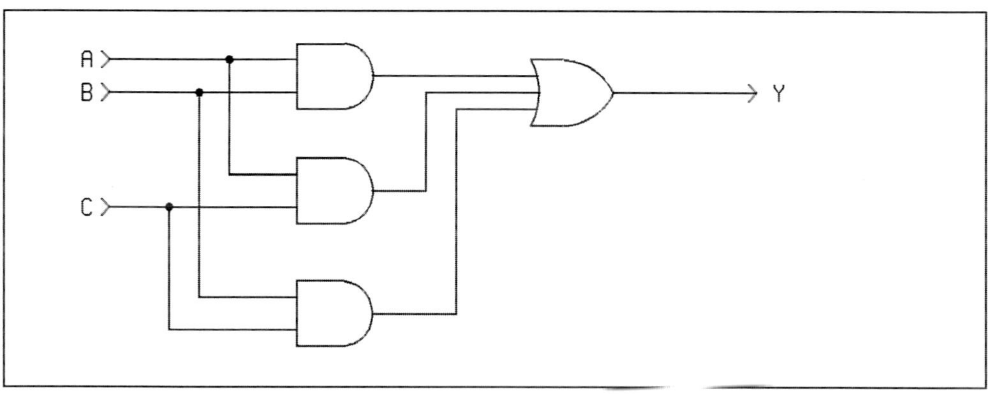

그림 1-5 식 (2)의 논리 회로

PALASEMBLER를 이용하여 논리식을 만들 경우 논리회로는 그릴 필요가 없지만 논리식은 표 1-4의 불 대수의 공식, 카르노 맵(Karnaugh map) 혹은 그 이외의 여러 방법 등을 이용하여 간소화할 필요가 있다.

④ PALASM의 연산자, 키워드를 이용하여 식 (2)의 논리식을 PLD파일로 만든다. 파일에 대한 설명은 차후 자세히 하기로 한다.

```
TITLE       SAMPLE.PDS   ; 파일 이름
PATTERN     A
REVISION    1.0
AUTHOR      Hong
COMPANY     Daelim
DATE        01/09/2005
CHIP   GATE   PAL16V8    ; 칩은 16V8을 사용한다.
; PIN의 이름을 정의한다.
; 각각 핀을 정의할 때는 사용하지 않은 핀은 정의하지 않아도 된다.
PIN   2        A         ; INPUT
PIN   3        B         ; INPUT
PIN   4        C         ; INPUT
;
PIN   19       Y         ; OUTPUT
; 논리식을 만든다.
EQUATIONS                ; 다음부터 논리식을 정의하기 위한 예약어
Y=A*B+A*C+B*C
;                        ; 논리식 끝에 END문이 없어도 된다.
```

⑤ PLD 라이터가 인식할 수 있는 JEDEC 파일 포맷 형태인 SAMPLE.JED 파일을 만든다.

⑥ SAMPLE.JED 파일을 로드해서 PLD에 라이트한다.

⑦ GAL16V8을 PLD 라이터기에서 빼내어서 원하는 회로에 삽입하여 원하는 기능이 되는지 확인한다.

⑧ 원하는 기능이 되지 않을 경우에는 ①~⑦을 반복한다.

(2) PLD 프로그램 개발 과정

PLD 프로그램을 개발하는 과정의 흐름도를 그림 1-6에 정리하여 놓았다.

그림 1-6 PLD 프로그램 개발 과정

실제로는 그림 1-6의 처리 과정을 A.BAT라는 배치 파일을 이용하여 일괄적으로 처리하여 *.JED 파일을 만든다.

5. 문제 : 기본논리게이트 구성

입력이 여러 개인 논리식을 16V8에 프로그래밍 하여 그 논리 기능을 하는지를 확인해보자.

(1) 그림 1-7과 같은 게이트를 16V8을 이용하여 만들어 보자.

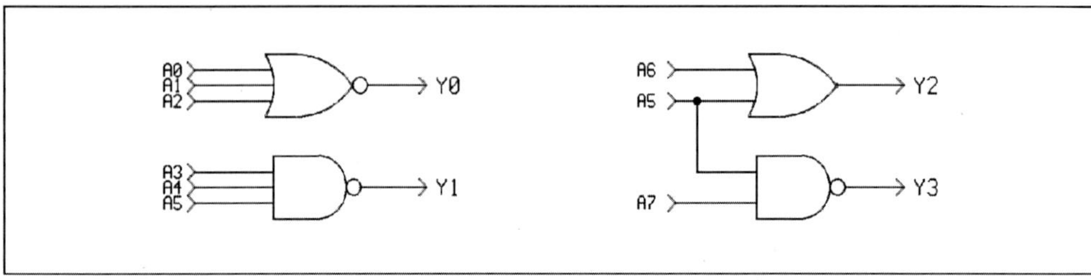

그림 1-7 기본 게이트

(2) 그림 1-7을 PLD 트레이너에서 그림 1-8과 같이 구성한다.

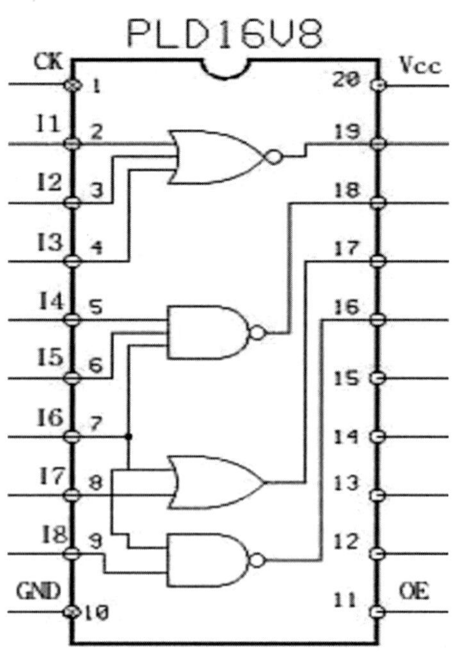

그림 1-8 그림 1-7을 실험하기 위한 PLD 트레이너의 구성도

(3) 그림 1-8에 대한 *.PDS 파일을 만들어 입력한다.
(입력 할 파일명은 이름_1.PDS로 한다. 예: 홍길동_1.PDS)

TITLE : 기본논리게이트
PATTERN : 학번
REVISION : 반, 번호
AUTHOR : 성명
COMPANY : 자동화시스템과
DATE : 자동설정
CHIP : GAL 16V8

(4) PDS 파일을 컴파일하여 *.JED 파일을 16V8에 라이트 한 다음 PLD 트레이너에 16V8을 끼운다.

(5) 다음과 같은 절차로 실험하여 2주차 상의시작 전에 실험결과를 입력하시오.

■■ 3 입력 NOR 게이트

그림 3-7을 참조해서 다음 표를 채우고, NOR 게이트 기능이 되는지 검사해보자.

I0	I1	I2	LED0
A	B	C	Y0
0	0	0	
0	0	1	
0	1	0	
0	1	1	
1	0	0	
1	0	1	
1	1	0	
1	1	1	

■■ 3 입력 NAND 게이트

그림 3-7을 참조해서 다음 표를 채우고, NAND 게이트 기능이 되는지 검사해보자.

I3	I4	I5	LED1
D	E	F	Y1
0	0	0	
0	0	1	
0	1	0	
0	1	1	
1	0	0	
1	0	1	
1	1	0	
1	1	1	

■■ 2 입력 OR 및 NAND 게이트

그림 3-7을 참조해서 다음 표를 채우고, OR, NAND 게이트 기능이 되는지 검사해보자.

I5	I6	I7	LED2	LED3
F	G	H	Y2	Y3
0	0	0		
0	0	1		
0	1	0		
0	1	1		
1	0	0		
1	0	1		
1	1	0		
1	1	1		

제 2 장

강의제목	가산기 및 감산기 구성				
강의목표	기본논리게이트를 이용하여 가산기 및 감산기를 설계하고 PDS파일을 프로그램하여 PLD로 구현한다.				
참고문헌	교재명	저자명	출판사	페이지(pp)	비 고
	PLD	차영배	다다미디어	75~80	
	디지털공학	하영선	보문당	4-1~4-6	가산기 감산기

1. 가산기와 감산기(Adders and Subtracters)

1) 반가산기(Half Adder)

2진수로 표시된 두 개의 수를 합해서 얻어진 가산기를 반가산기라 한다. 이 때 두 개의 수 A, B를 합해서 나온 합(Sum)과 자리올림(Carry)이 발생한다. 이와 같은 진리를 만족하는 표는 표 2-1과 같다.

표 2-1 반가산기 진리표

A	B	S	C
0	0	0	0
0	1	1	0
1	0	1	0
1	1	0	1

표 2-1의 진리표를 만족시키는 논리식은 식 (2-1), (2-2)와 같다.

$$S = A\overline{B} + \overline{A}B = (A + B)(\overline{A} + \overline{B}) = A \oplus B \tag{2-1}$$

$$C = A \cdot B \tag{2-2}$$

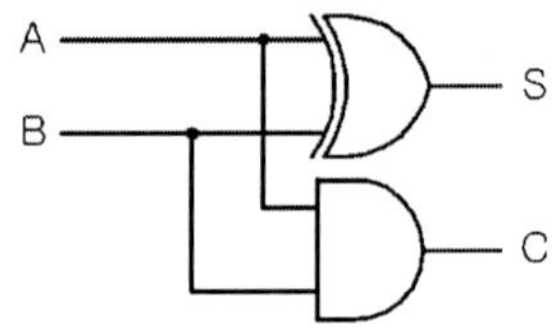

그림 2-1 반가산기 회로

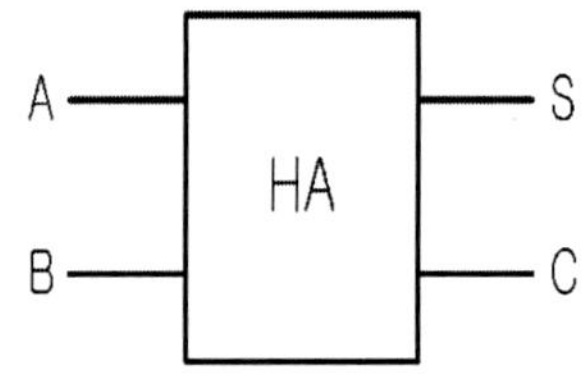

그림 2-2 반가산기 기호

이 논리식을 만족시키는 회로가 그림 2-1의 반가산기 회로이며, 그림 2-2는 이 반가산기의 기호를 나타내고 있다.

2) 전 가산기(Full Adder)

2진수로 표시한 2개의 수 이외에 아랫자리에서 발생한 자리올림수까지도 합해 주도록 하는 가산기를 전 가산기라 한다. 이것을 2진수와 변수로 가산하는 예를 (a), (b)에 보였으며 진리표는 표 2-2와 같다.

표 2-2 전 가산기와 진리표

A_n	B_n	C_{n-1}	S_n	C_n
0	0	0	0	0
0	0	1	1	0
0	1	0	1	0
0	1	1	0	1
1	0	0	1	0
1	0	1	0	1
1	1	0	0	1
1	1	1	1	1

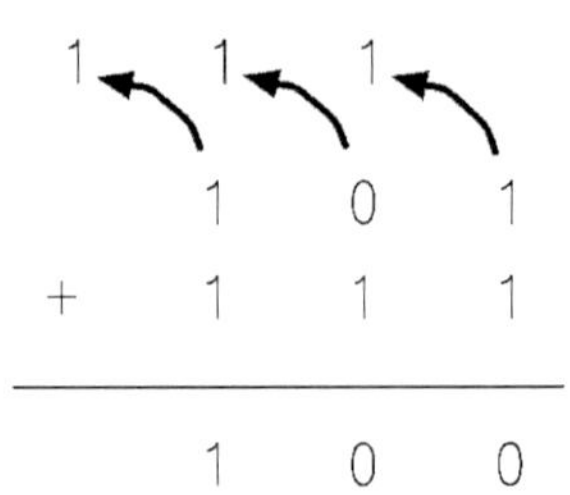

(a) 2진수 전 가산 예

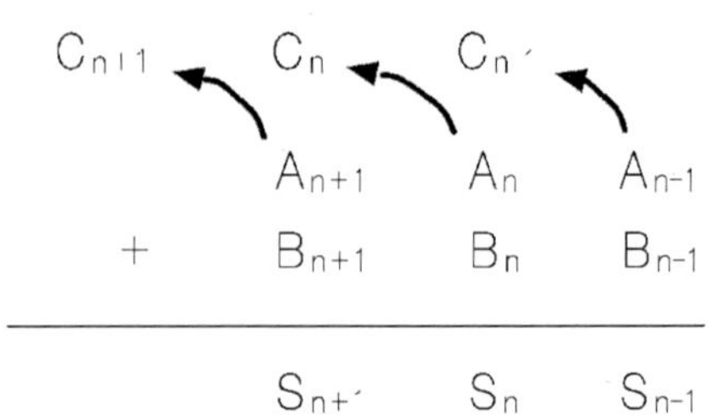

(b) 변수 전 가산 예

전 가산기 진리표를 만족시키는 논리식을 유도해 보면 식 (2-3), (2-4)와 같다.

$$
\begin{aligned}
S_n &= \overline{A_n}\,\overline{B_n}\,C_{n-1} + \overline{A_n}\,B_n\,\overline{C_{n-1}} + A_n\,\overline{B_n}\,\overline{C_{n-1}} + A_n B_n C_{n-1} \\
&= \overline{A_n}(\overline{B_n}\,C_{n-1} + B_n\,\overline{C_{n-1}}) + A_n(\overline{B_n}\,\overline{C_{n-1}} + B_n C_{n-1}) \\
&= \overline{A_n}(B_n \oplus C_{n-1}) + A_n(\overline{B_n \oplus C_{n-1}}) \\
&= A_n \oplus B_n \oplus C_{n-1} \qquad (2\text{-}3)
\end{aligned}
$$

$$
\begin{aligned}
C_n &= \overline{A_n}\,B_n C_{n-1} + A_n\,\overline{B_n}\,C_{n-1} + A_n B_n\,\overline{C_{n-1}} + A_n B_n C_{n-1} \\
&= C_{n-1}(\overline{A_n}\,B_n + A_n\,\overline{B_n}) + A_n B_n(\overline{C_{n-1}} + C_{n-1}) \\
&= C_{n-1}(A_n \oplus B_n) + A_n B_n \qquad (2\text{-}4)
\end{aligned}
$$

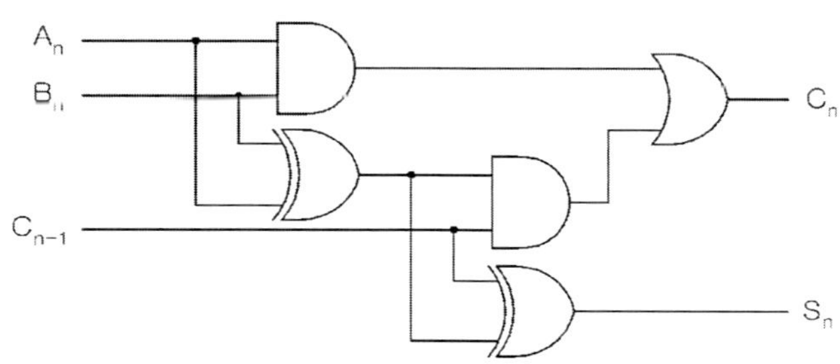

그림 2-3 전 가산기 회로

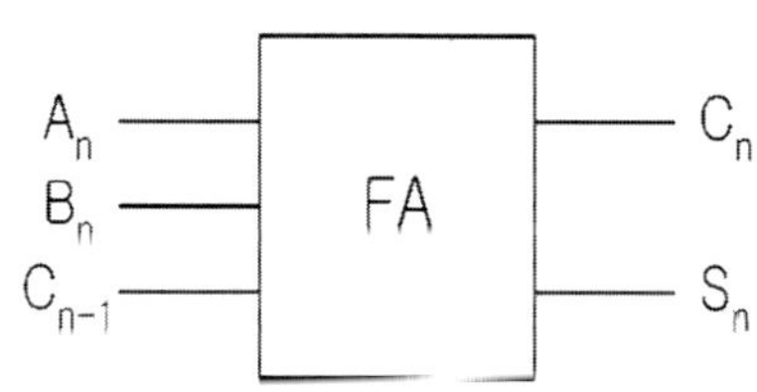

그림 2-4 전 가산기의 기호

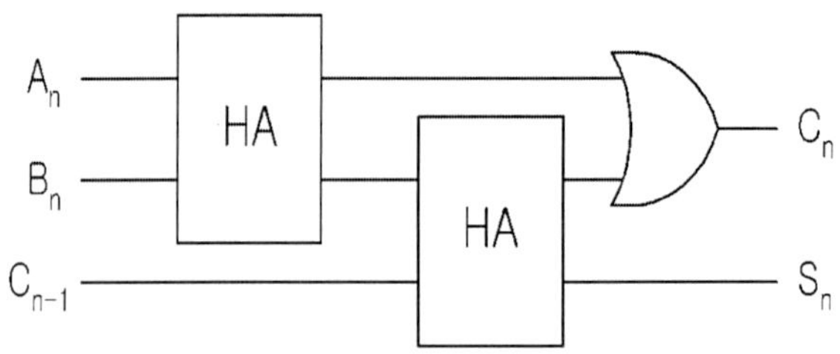

그림 2-5 전 가산기 Block Diagram

이 논리식을 만족시키는 회로가 그림 2-3의 전 가산기 회로이며, 그림 2-4는 전 가산기의 기호이다. 한편 전 가산기를 반가산기 2개와 OR게이트로 Block Diagram을 그리면 그림 2-5와 같다.

3) 반 감산기(Half Subtracter)

2진수로 표시된 두 개의 수의 차로 얻어진 감산기를 반 감산기라 한다. 이 때 두 개의 수 A, B의 감산에 의하여 얻어진 차(difference)와 자리내림(borrow)이 발생한다.

이와 같은 진리를 만족하는 표는 표 2-3과 같다.

표 2-3 반 감산기 진리표

A	B	d	b
0	0	0	0
0	1	1	1
1	0	1	0
1	1	0	0

표 2-3의 반 감산기의 진리표를 만족시키는 논리식은 식 (2-5), (2-6)과 같다.

$$d = \overline{A}B + A\overline{B} = (A+B)(\overline{A} + \overline{B}) - A \oplus B \tag{2-5}$$

$$b = \overline{A} \cdot B \tag{2-6}$$

이 논리식을 만족시키는 회로가 그림 2-6은 반 감산기 회로이며, 그림 2-7은 반 감산기의 기호를 나타내고 있다.

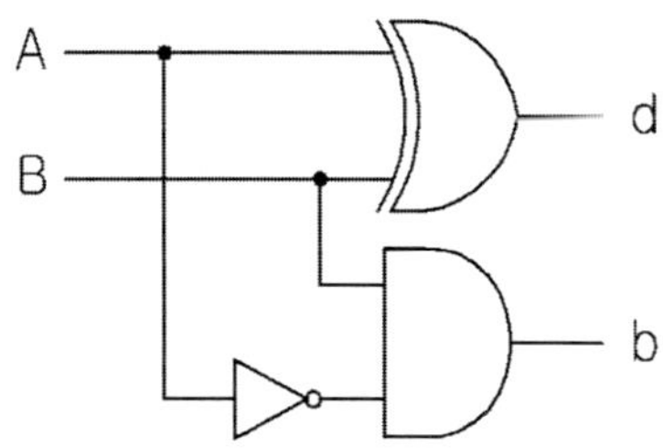

그림 2-6 반 감산기 회로

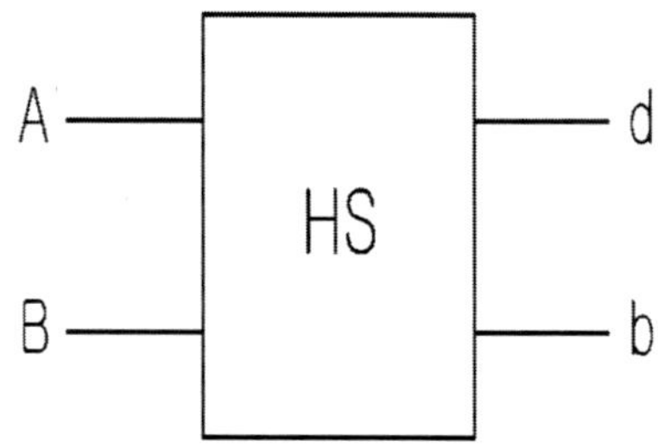

그림 2-7 반 감산기 기호

4) 전 감산기(Full Subtractor)

2진수로 표시한 2개의 수 이외에 자리내림으로 발생한 수까지 합쳐 감산하는 감산기를 전 감산기라 한다. 이것을 2진수와 변수로 감산하는 예를 들어 (c), (d)에 보였으며 그 진리표는 표 2-4와 같다.

표 2-4 전 가산기의 진리표

A_n	B_n	b_{n-1}	d_n	b_n
0	0	0	0	0
0	0	1	1	1
0	1	0	1	1
0	1	1	0	1
1	0	0	1	0
1	0	1	0	0
1	1	0	0	0
1	1	1	1	1

$$
\begin{array}{rccc}
 & 0 & 1 & 1 \\
 & 1 & 0 & 0 \\
- & 0 & 1 & 1 \\
\hline
 & 0 & 0 & 1
\end{array}
$$

(c) 2진수 전 가산 예

$$
\begin{array}{rccc}
 & b_{n+1} & b_n & b_{n-1} \\
 & A_{n+1} & A_n & A_{n-1} \\
+ & B_{n+1} & B_n & B_{n-1} \\
\hline
 & d_{n+1} & d_n & d_{n-1}
\end{array}
$$

(d) 변수 전 가산 예

전 감산기 진리표를 만족시키는 논리식을 유도해 보면 식 (2-7), (2-8)과 같다.

$$
\begin{aligned}
d_n &= \overline{A_n}\,\overline{B_n}\,b_{n-1} + \overline{A_n}\,B_n\,\overline{b_{n-1}} + A_n\,\overline{B_n}\,\overline{b_{n-1}} + A_nB_nb_{n-1} \\
&= \overline{A_n}(\overline{B_n}\,b_{n-1} + B_n\,\overline{b_{n-1}}) + A_n(\overline{B_n}\,\overline{b_{n-1}} + B_nb_{n-1}) \\
&= \overline{A_n}(B_n \oplus b_{n-1}) + A_n(\overline{B_n \oplus b_{n-1}}) \\
&= A_n \oplus B_n \oplus b_{n-1} \qquad (2\text{-}7)
\end{aligned}
$$

$$
\begin{aligned}
b_n &= \overline{A_n}\,\overline{B_n}\,b_{n-1} + \overline{A_n}\,B_n\,\overline{b_{n-1}} + \overline{A_n}\,B_nb_{n-1} + A_nB_nb_{n-1} \\
&= \overline{A_n}\,B_n(\overline{b_{n-1}} + b_{n-1}) + b_{n-1}(\overline{A_n}\,\overline{B_n} + A_nB_n) \\
&= \overline{A_n}B_n + b_{n-1}(\overline{A_n \oplus B_n}) \qquad (2\text{-}8)
\end{aligned}
$$

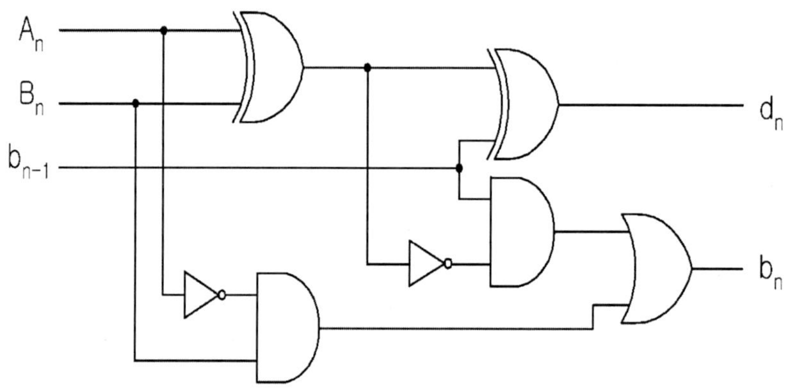

그림 2-8 전 감산기 회로

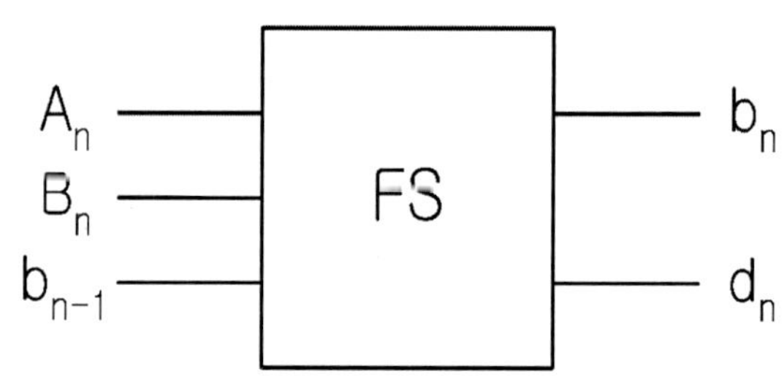

그림 2-9 전 감산기 기호

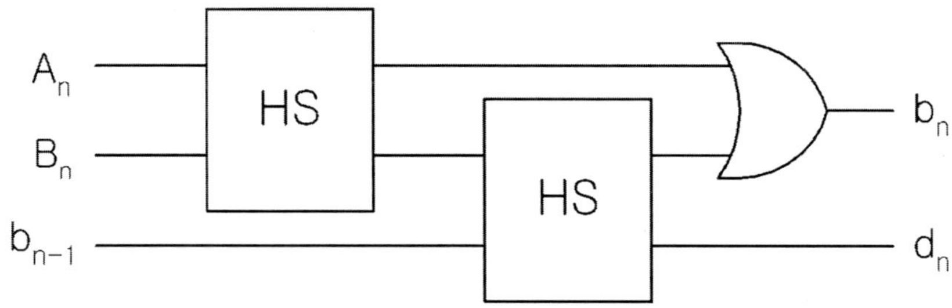

그림 2-10 전 감산기 Block Diagram

이 논리식을 만족시키는 회로가 그림 2-8의 전 감산기 회로이며, 그림 2-9는 전 감산기의 기호이다. 한편 전 감산기를 반 감산기 2개와 OR게이트 Block Diagram을 그리면 그림 2-10과 같다.

2. 문제 : 가산기 및 감산기 구성

(1) 식 (2-3), (2-4), (2-7), (2-8)의 논리식의 논리도를 만들면 그림 2-11과 같다.

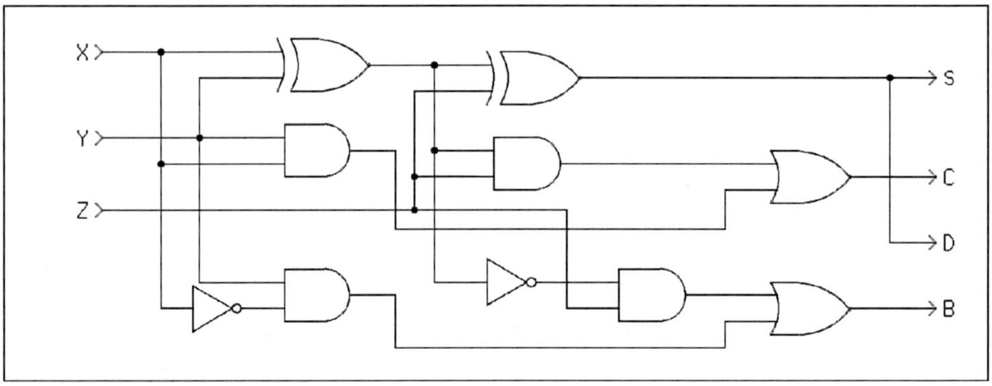

그림 2-11 전 가산기/전 감산기의 논리도

단, C_{n-1}, B_{n-1}은 입력 C로 하고 A_n, B_n은 입력 A, B로 한다.

(2) 그림 2-11을 PLD 트레이너에서 그림 2-12와 같이 구성한다.

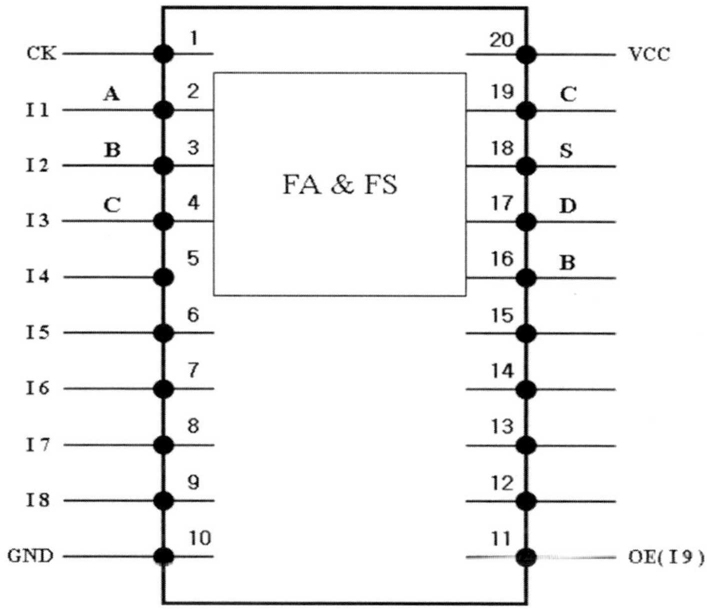

그림 2-12

(3) 그림 2-11에 대한 *.PDS 파일을 만들어 입력한다.
(입력 할 파일명은 이름_2.PDS로 한다. 예: 홍길동_2.PDS)

```
TITLE      : 가산기
PATTERN    : 학번
REVISION   : 반, 번호
AUTHOR     : 성명
COMPANY    : 자동화시스템과
DATE       : 자동설정
CHIP       : GAL 16V8
```

*제 1주에서 실험한 내용을 표로 만들어 제 2주 파일에 포함시켜 제출하시오.

(4) PSD 파일을 컴파일하여 ＊.JED 파일을 16V8에 라이트 한 다음 PLD 트레이너에 16V8을 끼운다.

(5) 다음과 같은 절차로 실험을 하여 3주차 강의시작 전에 결과를 입력하시오.

그림 2-12를 참조해서 다음 표를 채우고, 전 가산기, 전 감산기의 기능을 하는지 검사해보자.

I A	I B	I C	LED0 C	LED1 S	LED2 B	LED3 D
0	0	0				
0	0	1				
0	1	0				
0	1	1				
1	0	0				
1	0	1				
1	1	0				
1	1	1				

<table>
<tr><th colspan="6">제 3 장</th></tr>
<tr><td>강의제목</td><td colspan="5">디코더 및 인코더</td></tr>
<tr><td>강의목표</td><td colspan="5">PLD응용 분야에 많이 이용되는 디코더와 인코더를 설계하고 PDS파일을 프로그램하여 실험한다.</td></tr>
<tr><td rowspan="3">참고문헌</td><td>교재명</td><td>저자명</td><td>출판사</td><td>페이지(pp)</td><td>비 고</td></tr>
<tr><td>PLD</td><td>차영배</td><td>다다미디어</td><td>105~118</td><td></td></tr>
<tr><td>디지털공학</td><td>하영선</td><td>보문당</td><td>4-13~4-23</td><td>디코더, 인코더</td></tr>
</table>

1. 디코더(decoder)

실질적으로 PLD 응용 분야에서 제일 많이 사용하는 부분이 디코더이다. n 비트로 된 2진 코드는 2^n개의 서로 다른 정보를 표현할 수 있다.

디코더는 입력에 가해지는 n 비트의 2진 코드를 최대 2^n개의 서로 다른 정보로 바꿔주는 조합회로이다. 만일 n 비트 디코드 정보가 다 사용되지 않거나 무관조건(don't care condition)을 가진다면 디코더의 출력 수는 2^n개 보다 적게 될 수 있다. 표 3-1에 3×8 디코더의 진리표를 나타내었다.

표 3-1 3×8 디코더의 진리표

입 력			출 력							
C	B	A	Y0	Y1	Y2	Y3	Y4	Y5	Y6	Y7
0	0	0	1	0	0	0	0	0	0	0
0	0	1	0	1	0	0	0	0	0	0
0	1	0	0	0	1	0	0	0	0	0
0	1	1	0	0	0	1	0	0	0	0
1	0	0	0	0	0	0	1	0	0	0
1	0	1	0	0	0	0	0	1	0	0
1	1	0	0	0	0	0	0	0	1	0
1	1	1	0	0	0	0	0	0	0	1

디코더의 출력은 표 3-1에서 볼 수 있듯이 출력은 임의의 시간에 단지 비트 하나만 "1"이 될 수 있기 때문에 데이터를 이용하는데 유용한 점이 많다.

흔히 사용되는 예로서 계산기의 연산회로에서 얻은 BCD코드를 다이오드를 이용하여 10개의 수치를 나타내는 표시기로 나타내는 장치를 들 수 있다. 디코더는 n개의 2진 정보를 2^n개의 서로 다른 정보로 바꾸는 조합회로이다. 입력 3개에서 출력 8개가 나오면 3×8 디코더라 하며, 최대 2^n개의 출력항인 최소항(minterm)을 만들 수가 있으며, 표 3-2와 같이 A_n, B_n, C_{n-1}의 3개의 입력과 S_n의 경우 4개, C_n의 경우 4개를 합하면 8개의 최소항을 얻을 수 있어 3×8 디코더의 전 가산기를 설계하게 된다.

표 3-2 전 가산기 진리표

10진수	A_n	B_n	C_{n-1}	S_n	C_n
0	0	0	0	0	0
1	0	0	1	①	0
2	0	1	0	①	0
3	0	1	1	0	①
4	1	0	0	①	0
5	1	0	1	0	①
6	1	1	0	0	①
7	1	1	1	①	①

$$S_n(A_n, B_n, C_{n-1}) = \sum(1, 2, 4, 7)$$

$$C_n(A_n, B_n, C_{n-1}) = \sum(3, 5, 6, 7)$$

이러한 3×8 전 가산기 디코더는 그림 3-1과 같다.

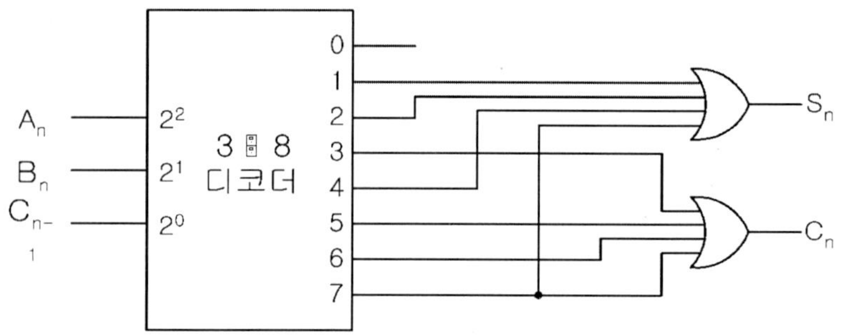

그림 3-1 3×8 전 가산기 디코더

2. 7세그먼트 디코더

1) 십진수의 표시

10진수 표시를 위한 대표적인 것이 BCD-to-7 Segment 디코더이다. 이것은 BCD로 나타내는 숫자신호를 7-Segment로 디코딩 시킨 후 이를 해당 발광소자(LED)에 연결하여 10진수가 표시되도록 하는 장치이다. 7-Segment의 등가회로 및 표시방법을 그림 3-2에 타나내고 있다. 그림 3-2(a) 7-Segment의 형태를 참고로 하여 BCD코드를 10진수로 변환시키는 진리표를 나타내면 표 3-3과 같다.

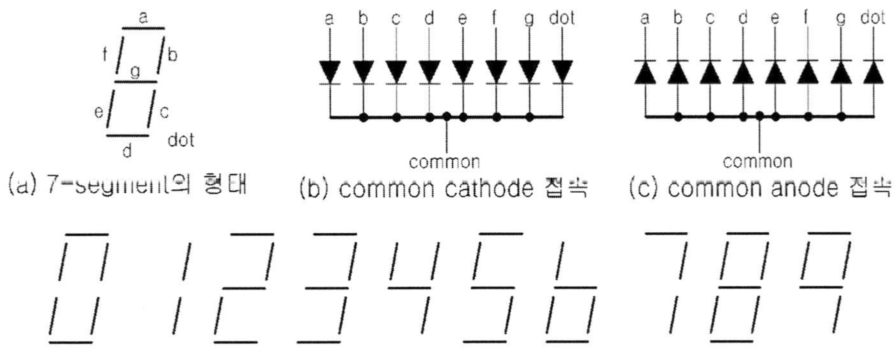

(c) 10진수의 표시방법

그림 3-2 7-Segment의 등가회로 및 표시방법

표 3-3 BCD to 7-Segment

입 력				출 력							표시
X1	X2	X3	X4	a	b	c	d	e	f	g	
0	0	0	0	1	1	1	1	1	1	0	0
0	0	0	1	0	1	1	0	0	0	0	1
0	0	1	0	1	1	0	1	1	0	1	2
0	0	1	1	1	1	1	1	0	0	1	3
0	1	0	0	0	1	1	0	0	1	1	4
0	1	0	1	1	0	1	1	0	1	1	5
0	1	1	0	1	0	1	1	1	1	1	6
0	1	1	1	1	1	1	0	0	0	0	7
1	0	0	0	1	1	1	1	1	1	1	8
1	0	0	1	1	1	1	0	0	1	1	9

이와 같은 진리표를 이용하여 카르나도(Karnaugh Map)법에 의한 출력 a, b, c, d e, f, g를 집적회로를 구성하여 표시할 수도 있고, TTL 7447을 사용하여 BCD 입력을 출력(a, b, c, d, e, f, g)을 뽑아 7-Segment에 연결할 수도 있는데 이와 같이 조합회로가 집적되어 하나의 소자가 감당하는 것은 MSI라고 한다. 카르나도법에 의하여 BCD 입력을 7-Segment 중 a와 b만 출력으로 나타내면 다음과 같다.

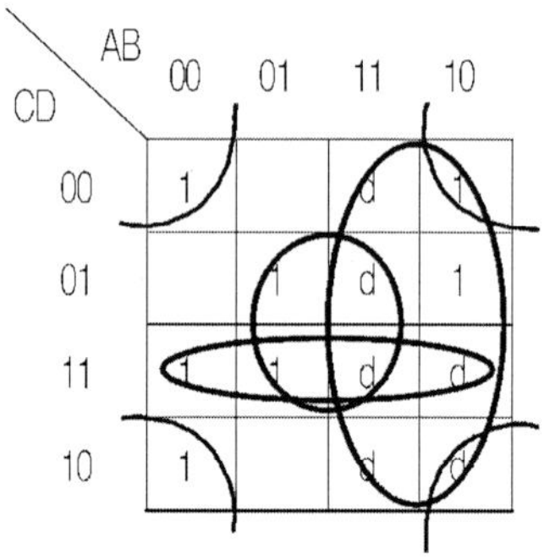

$a = A + BD + \overline{B}\,\overline{D} + CD$

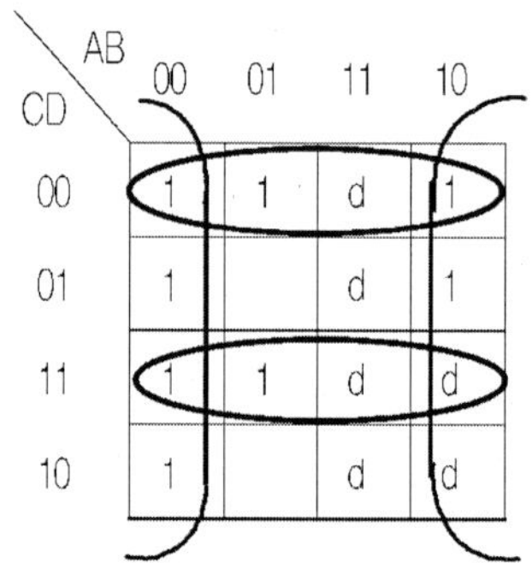

$b = \overline{B} + CD + \overline{C}\,\overline{D}$

이렇게 하여 출력 a, b, c, d, e, f, g를 A, B, C, D로 나타내면 조합회로가 된다.

그러나 PLD 프로그램 개발과정에 있는 Minimize.EXE 파일에 의해 PLD 파일의 논리식이 자동적으로 간략화 되므로 논리식의 간략화 과정은 실제로 필요없다. 7-Segment에 사용되는 LED는 저항을 직렬로 연결하여 전류를 흘려주면 발광한다. 시판되는 LED 수치표시기에는 그림 3-1(b)와 같이 Common Cathode(K형)를 공동으로 하여 GND에 연결하고 ON시키고자 하는 편에 "1"을, 그 외에 "0"을 걸어 주고, 그림 3-1(c)와 같이 Common Ande(A형)을 공동으로 하여 V_{CC}에 연결하고 ON시키고자 하는 편에 "0"(즉 GND)을, 그 외에는 "1"(V_{CC})을 걸어 주도록 되어 있다. FND 507는 A형, FND 500은 K형이다. 또 BCD to 7-Segment 중에서 7446, 7447은 A형을 위한 것이고, 7448, 7449는 K형을 위한 것이다.

3. 인코더(encoder)

인코더(encoder)는 디코더(decoder)의 반대로 연산을 수행한다. 인코더는 2^n개 이하의 입력 선과 n개의 출력 선을 갖는다. 예를 들어서 표 3-4와 같이 8×3 인코더는 0~7의 숫자에 대해서 각각 1비트만 1이 되므로 8개의 입력이 있어야 하고, 그에 대응되는 2진수를 출력하기 위하여 3개의 출력 선이 있어야 한다. 즉, 인코더는 코드화기이다.

표 3-4 8×3 인코더의 진리표

입 력								출 력		
0	1	2	3	4	5	6	7	C	B	A
1	0	0	0	0	0	0	0	0	0	0
0	1	0	0	0	0	0	0	0	0	1
0	0	1	0	0	0	0	0	0	1	0
0	0	0	1	0	0	0	0	0	1	1
0	0	0	0	1	0	0	0	1	0	0
0	0	0	0	0	1	0	0	1	0	1
0	0	0	0	0	0	1	0	1	1	0
0	0	0	0	0	0	0	1	1	1	1

그러나 표 3-4에서 입력이 2개 이상 들어 올 때를 대비해서 우선 순위를 두어야 한다. 즉 "1"과 "5"의 입력이 동시에 들어 왔을 경우에는 숫자가 높은 "5"의 값을 출력하게 되는 것이다. 이것을 우선 순위 인코더(Priority Encoder)라 한다. 즉 표 3-4는 표 3-5와 같이 되어야 한다.

표 3-5 8×3 인코더의 진리표

입 력								출 력		
0	1	2	3	4	5	6	7	C	B	A
1	0	0	0	0	0	0	0	0	0	0
X	1	0	0	0	0	0	0	0	0	1
X	X	1	0	0	0	0	0	0	1	0
X	X	X	1	0	0	0	0	0	1	1
X	X	X	X	1	0	0	0	1	0	0
X	X	X	X	X	1	0	0	1	0	1
X	X	X	X	X	X	1	0	1	1	0
X	X	X	X	X	X	X	1	1	1	1

4. 문제1 : 디코더의 구성

(1) 3×8 디코더를 만들기 위한 PLD 트레이너의 구성은 다음과 같다.

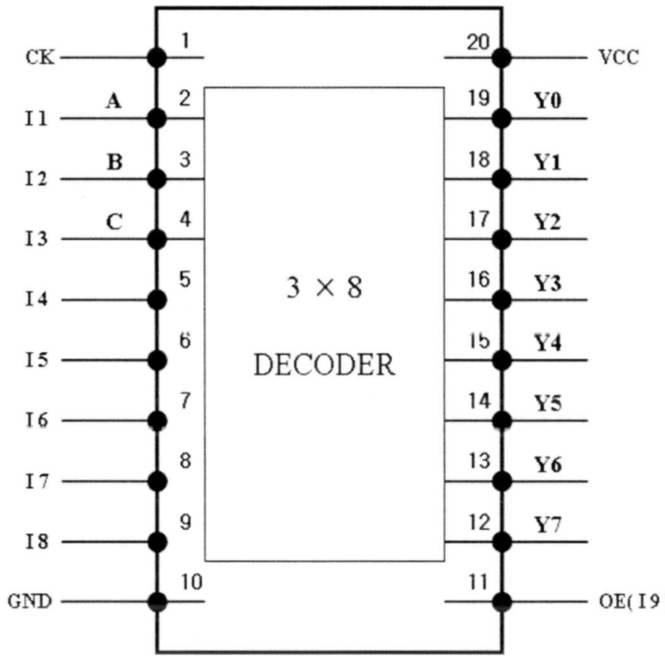

(2) 표 3-1에 대한 *.PDS 파일을 만들어 입력한다.
(입력 할 파일명은 이름_31.PDS로 한다. 예: 홍길동_31.PDS)

```
TITLE      : 디코더
PATTERN    : 학번
REVISION   : 반, 번호
AUTHOR     : 성명
COMPANY    : 자동화시스템과
DATE       : 자동설정
CHIP       : GAL 16V8
```

*제 2주에서 실험한 내용을 표로 만들어 제 3주 파일에 포함시켜 제출하시오.

(3) PDS 파일을 컴파일하여 *.JED 파일을 16V8에 라이트 한 다음 PLD 트레이너에 16V8을 끼운다.

(4) 다음과 같은 절차로 실험하여 4주차 강의시작 전에 결과를 입력하시오.

입 력			출 력							
I1	I2	I3	LED0	LED1	LED2	LED3	LED4	LED5	LED6	LED7
A	B	C	Y0	Y1	Y2	Y3	Y4	Y5	Y6	Y7
0	0	0								
0	0	1								
0	1	0								
0	1	1								
1	0	0								
1	0	1								
1	1	0								
1	1	1								

5. 문제2 : 7세그먼트의 구성

(1) BCD-7 세그먼트 실험을 위한 PLD 트레이너의 구성은 다음과 같다.

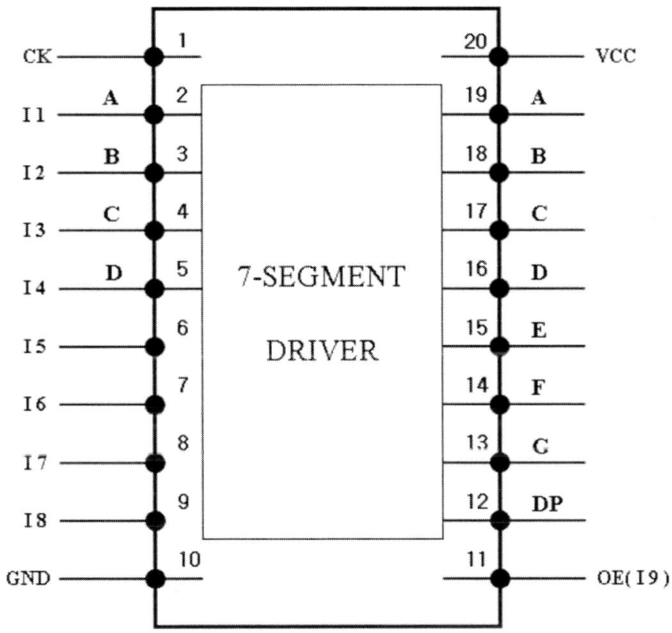

(2) 표 3-3을 보고 *.PDS 파일을 만들어 입력한다.

(입력 할 파일명은 이름_32.PDS로 한다. 예: 홍길동_32.PDS)

표 3-3에 대한 논리식을 만들 때 "8"과 혼돈을 피하기 위하여 "B"는 소문자 "b"로, "0"과 혼돈을 피하기 위하여 "D"는 소문자 "d"로 디스플레이 한다.

```
TITLE       : 7세그먼트
PATTERN     : 학번
REVISION    : 반, 번호
AUTHOR      : 성명
COMPANY     : 자동화시스템과
DATE        : 자동설정
CHIP        : GAL 16V8
```

(3) PDS 파일을 컴파일하여 *.JED 파일을 16V8에 라이트 한 다음 PLD 트레이너에 16V8을 끼운다.

(4) 다음과 같은 절차로 실험하여 4주차 강의시작 전에 결과를 입력하시오.

그림 3-2를 참조해서 스위치 SW0~SW3의 입력을 조작하면서 BCD 숫자가 7세그먼트에 올바르게 디스플레이 되는지 확인해보자.

입력(BCD)				출 력
I1	I2	I3	I4	7 세그먼트
A	B	C	D	숫 자
0	0	0	0	
0	0	0	1	
0	0	1	0	
0	0	1	1	
0	1	0	0	
0	1	0	1	
0	1	1	0	
0	1	1	1	
1	0	0	0	
1	0	0	1	
1	0	1	0	
1	0	1	1	
1	1	0	0	
1	1	0	1	
1	1	1	0	
1	1	1	1	

6. 문제3 : 인코더의 구성

(1) 8×3 인코더를 실험하기 위한 PLD 트레이너의 구성은 다음과 같다.

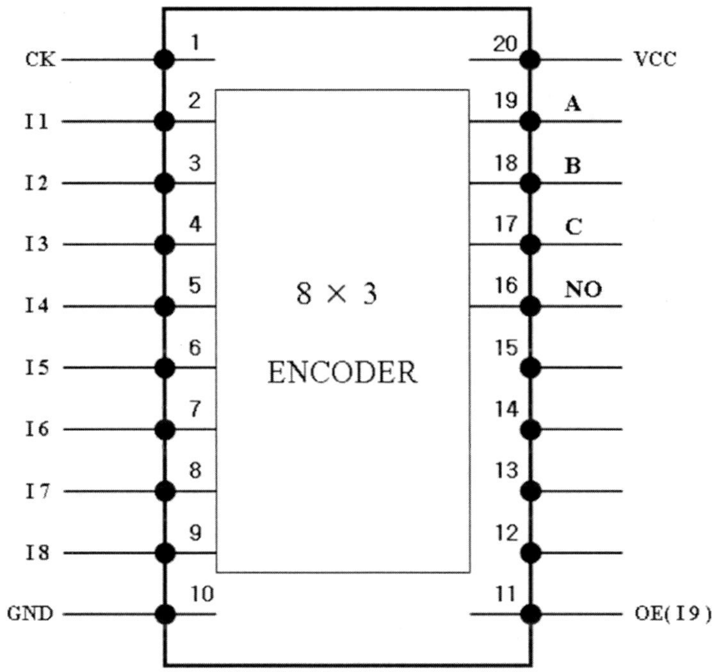

(2) 표 3-11에 대한 *.PDS 파일을 만들어 입력한다.
(입력 할 파일명은 이름_33.PDS로 한다. 예: 홍길동_33.PDS)

```
TITLE      : 인코더
PATTERN    : 학번
REVISION   : 반, 번호
AUTHOR     : 성명
COMPANY    : 자동화시스템과
DATE       : 자동설정
CHIP       : GAL 16V8
```

(3) PDS 파일을 컴파일하여 *.JED 파일을 16V8에 라이트 한 다음 PLD 트레이너에 16V8을 끼운다.

(4) 다음과 같은 절차로 실험하여 4주차 강의시작 전에 결과를 입력하시오.

그림 3-25를 참조해서 스위치 I1~I8의 입력을 조작해서 인코더 기능을 하는지 확인해보자.

입 력								출 력
SW7	SW6	SW5	SW4	SW3	SW2	SW1	SW0	7 세그먼트
I8	I7	I6	I5	I4	I3	I2	I1	숫 자
0	0	0	0	0	0	0	1	
0	0	0	0	0	0	1	X	
0	0	0	0	0	1	X	X	
0	0	0	0	1	X	X	X	
0	0	0	1	X	X	X	X	
0	0	1	X	X	X	X	X	
0	1	X	X	X	X	X	X	
1	X	X	X	X	X	X	X	

스위치 I1-I8 입력 중 2개를 동시에 "H"로 조작하면서 LED0~LED2의 값을 관찰 해보자. 어떤 값이 출력되는가? 우선 순위가 되는가?

제 4 장					
강의제목	멀티플렉서				
강의목표	통신분야에서 많이 이용되는 멀티플렉서의 기본원리를 이해하고 PDS파일을 프로그램하여 멀티플렉서를 구현한다.				
참고문헌	교재명	저자명	출판사	페이지(pp)	비 고
	PLD	차영배	다다미디어	120~128	
	디지털공학	하영선	보문당	4-24~4-33	멀티플랙서와 디멀트플랙서

1. 멀티플렉서(Multiplexer)

멀티플렉서는 많은 입력들 중 하나를 선택하여 선택된 입력선의 2진 정보를 출력선에 넘겨주기 때문에 데이터 선택기(Data Selector)라고도 한다.

디지털 멀티플렉서는 많은 입력선들 중에서 하나를 선택하여 출력선에 연결하는 조합회로이다. 정상적인 경우 2^n개의 입력선과 n개의 선택선으로 되고 n개의 선택선의 조합에 따라서 입력 중 어느 하나가 선택되어 출력됩니다.

그림 4-1은 4×1멀티플렉서를 보인 것으로 입력 Data $I_0 \sim I_3$ 중에서 표 4-1(c) 함수표와 같이 선택선 S_0, S_1 에 의해서 지정되는 데이터 하나만 출력 데이터 F로 선택된다. 이 때 S_0, S_1을 선택신호라고 한다.

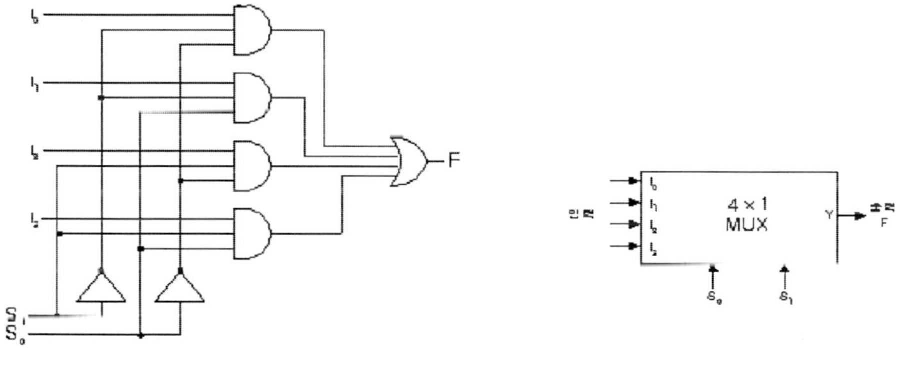

(a) 회로도

(b) 표시기호

S_1	S_0	F
0	0	I_0
0	1	I_1
1	0	I_2
1	1	I_3

(c) 함수표

그림 4-1 멀티플렉서

2. 디멀티플렉서(Demultiplexer)

디멀티플렉서는 멀티플렉서와 반대의 동작을 하는 장치로서, 일명 데이터 분배기(Data Distributor)라고도 한다. 이것은 하나의 신호를 다수의 출력 중의 어느 하나로 보내는 기능을 갖는 장치로서 하나의 입력선에 들어오는 신호를 n개의 선택신호에 의해 지정이 되는 2^n개의 출력선 중 하나로 내보내진다.

또한 디멀티플렉서는 디코더(복호기)와 밀접한 관계가 있다. 즉 그림 4-2의 (c)와 (d)를 참조하면 인에이블 기능이 있는 디코더에서 인에이블선을 입력선으로 쓰고 원래의 입력선에 선택신호를 넣도록 개조하면 디멀티플렉서가 된다. 예를 들어 그림 4-2(b)에 2×4 디코더와 진리표가 주어져 있다.

이 때 E를 입력 Y로 A, B를 각각 선택신호 S_0, S_1으로 바꾸어도 진리표는 변함없다. 그러므로 그림 4-2(c)에 보인 2×4 디코더는 그대로 그림 (d)에 보인 1×4 디멀티플렉서로 사용할 수 있다.

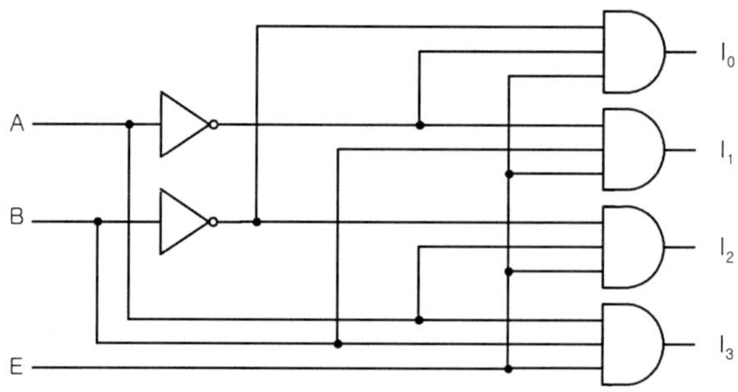

(a) 2×4 디코더

E(Y)	A(S_0)	B(S_1)	I_0	I_1	I_2	I_3
0	×	×	0	0	0	0
1	0	0	1	0	0	0
	0	1	0	1	0	0
	1	0	0	0	1	0
	1	1	0	0	0	0

(b) 진리표

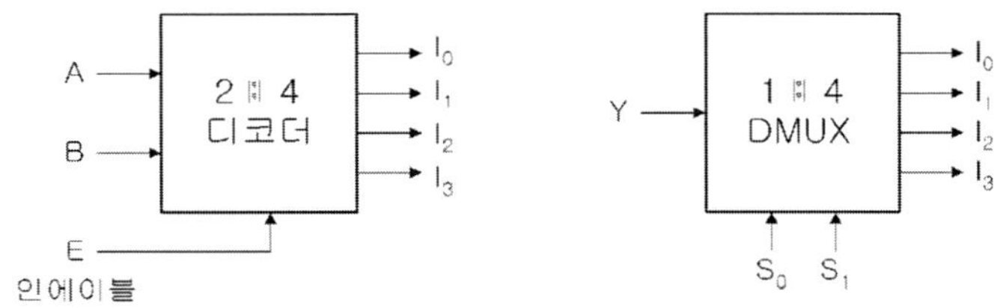

(c) 디코더 기호　　　　(d) 디멀티플렉서 기호

그림 4-2　1×4 디멀티플렉서

3. 멀티플렉서를 이용한 조합논리회로의 설계

먼저 출력 F를 최소항(Minterm)의 합으로 표현한다. 최소항에 대하여 선택된 변수들의 순서가 A B C D .... 라 가정한다. 최소항으로 표현된 출력을 멀티플렉서로 구현하기 위해 A를 입력 B, C를 선택선으로 해보자. 여기서 A는 n변수들의 순서에서 가장 왼쪽에 있는 변수이며, B C D .... 는 남은 n-1 변수들이다.

n-1개의 변수를 선택선에 연결한다. 이 때 B는 가장 순서가 높은 선택선에 연결되고 C는 그 다음의 선택선에 연결된다. 마지막 변수는 가장 낮은 선택선 S_0에 연결된다.

그림 4-3(c)와 같이 실현표를 만들고 그림 4-3(b)에서 A를 입력, B와 C를 선택선으로 한다면(A, B, C 중 하나는 입력 나머지 두 변수는 선택선이 된다) 그림 4-3(b)에서 A가 0이 되는 0~3은 0행에 I_0 ~ I_3 밑에 적어넣고 A가 1이 되는 4~7은 1행에 차례로 적어 넣는다. 만일 C를 입력으로 선택하면 입력변수 C가 0이 되는 0, 2, 4, 6은 0행에 나머지 1, 3, 5, 7은 1행에 차례로 적어 넣어 표를 완성한다.

입력값을 결정하기 위해서는 그림 4-3(b)의 출력 F가 1이 되는 1, 3, 5, 6에 원을 그려준다.

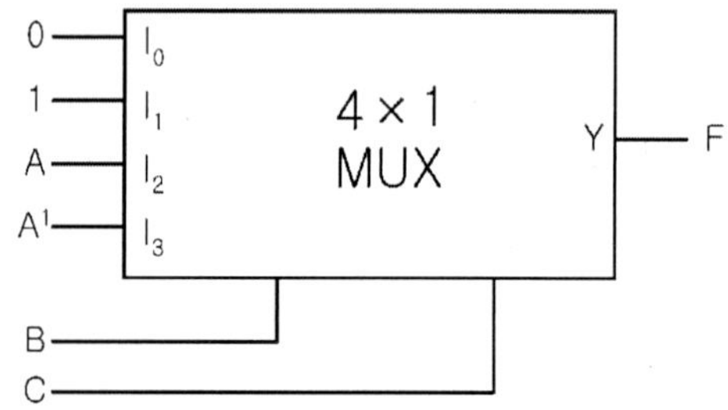

(a)

최소항	A	B	C	F
0	0	0	0	0
1	0	0	1	1
2	0	1	0	0
3	0	1	1	1
4	1	0	0	0
5	1	0	1	1
6	1	1	0	1
7	1	1	1	0

(b)

입력단 변수(A)	I_0	I_1	I_2	I_3
0 1	0 4	① ⑤	2 ⑥	③ 7
	0	1	A	A′

(c)

그림 4-3 (a) 멀티플렉서 실현 (b) 진리표 (c) 실현표

그림 4-3(c)처럼 두 최소항들이 둘 다 원으로 싸여 있지 않다면 대응되는 MUX 입력 I_0는 0이 된다. 만일 열에 속하는 두 최소항들이 모두 원으로 둘러 싸여 있다면 그 열에 대응되는 MUX 입력 I_1은 1이 된다. 만일 열의 위쪽 최소항만 원으로 둘러 싸여 있다면 대응되는 MUX 입력 I_3는 A'가 되고 열의 아래쪽 숫자만 원으로 표시되면 MUX 입력 I_2는 A가 된다.

$$F(A, B, C) = \Sigma(1, 3, 5, 6) \tag{4-1}$$

식 (4-1)에 대한 멀티플렉서의 입력 $I_0 \sim I_3$은 그림 4-3(a)와 같다. 그림 4-3(a)의 멀티플렉서 접속관계를 살펴보면 B와 C는 각각 선택선 S_1과 S_0에 연결되어져야만 한다.

4. 문제1 : 멀티플렉서의 구성

(1) 그림 4-1 멀티플렉서를 실험하기 위한 PLD 트레이너의 구성은 다음과 같다.

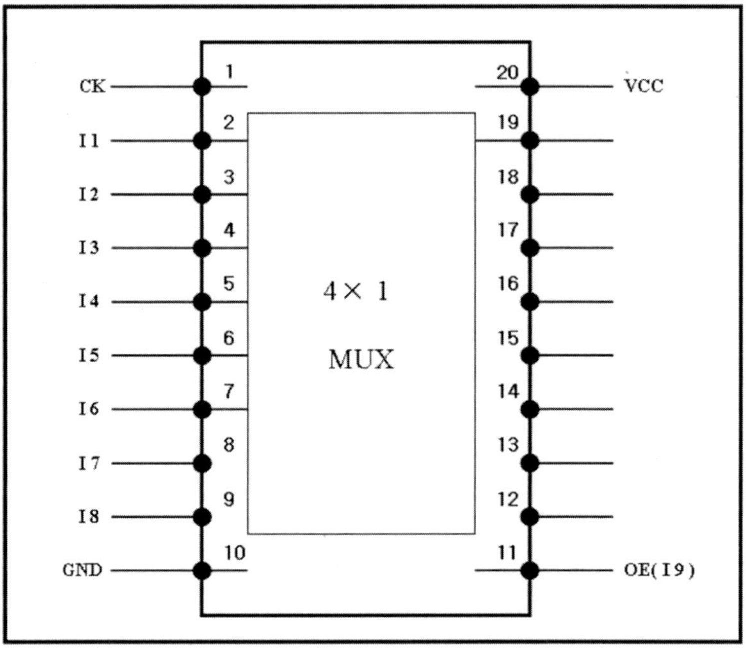

그림 4-4 4×1 멀티플렉서를 실험하기 위한 PLD 트레이너 구성도

(2) 그림 4-4에 대한 *.PDS 파일을 만들어 입력한다.
(입력 할 파일명은 이름_41.PDS로 한다. 예: 홍길동_41.PDS)

```
TITLE      ; 멀티플렉서
PATTERN    ; 학번
REVISION   ; 반, 번호
AUTHOR     ; 성명
COMPANY    ; 자동화시스템과
DATE       ; 자동설정
CHIP       ; GAL 16V8
```

*제 3주에서 실험한 내용을 표로 만들어 제 4주 파일에 포함시켜 제출하시오.

(3) PDS파일을 컴파일하여 *.JED 파일을 16V8에 라이트 한 다음 PLD 트레이너에 16V8을 끼운다.

(4) 다음과 같은 절차로 실험을 하여 5주차 강의시작 전에 결과를 입력하시오.
(입력 I_1~I_2을 차례로 작동하면서 출력확인)

S_0	S_1	Y							
		I_1		I_2		I_3		I_4	
		0	1	0	1	0	1	0	1
0	0								
0	1								
1	0								
1	1								

5. 문제2 : 데이터 셀렉터

그림 4-5와 같이 4개의 데이터를 한 묶음으로 해서 선택선 S가 "0"일 때는 A4, A3, A2, A1이 Y4, Y3, Y2, Y1로 출력되고 선택선 S가 "1"일 때는 B4, B3, B2, B1이 Y4, Y3, Y2, Y1로 출력되도록 PLD을 이용하여 만들어 보자.

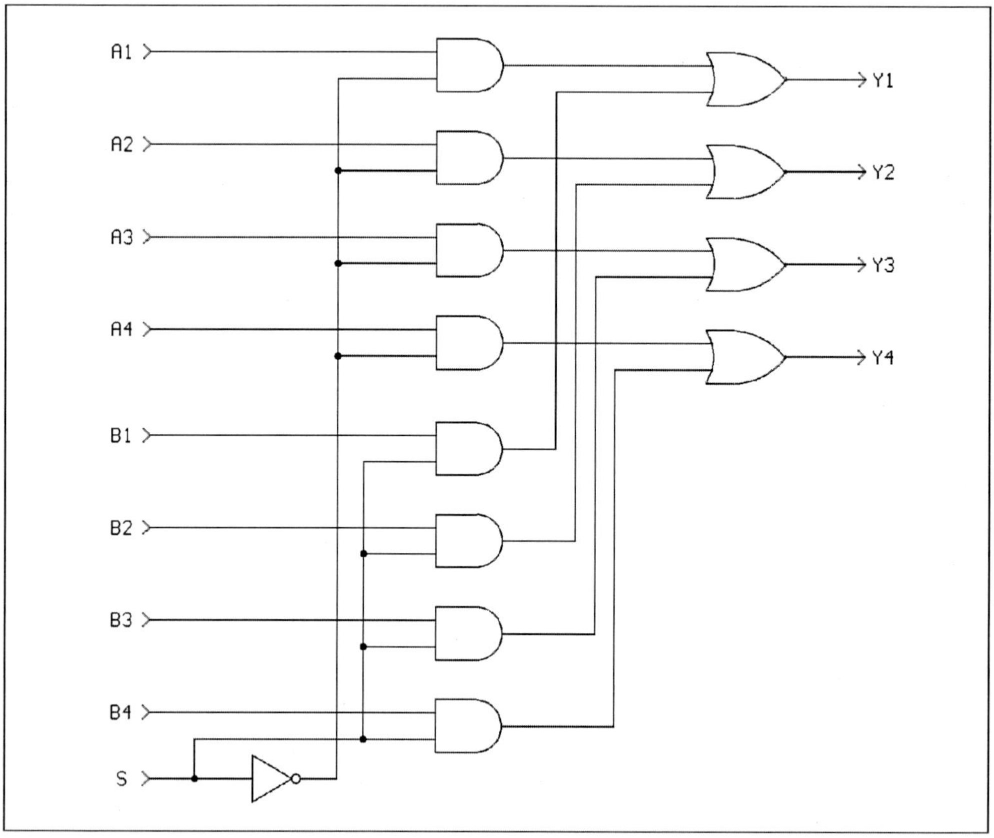

그림 4-5 데이터 셀렉터

표 4-1 함수표

선택선	출 력
S	Y
0	A 선택
1	B 선택

(1) 그림 4-5를 실험을 하기 위한 PLD 트레이너의 구성은 다음과 같다.

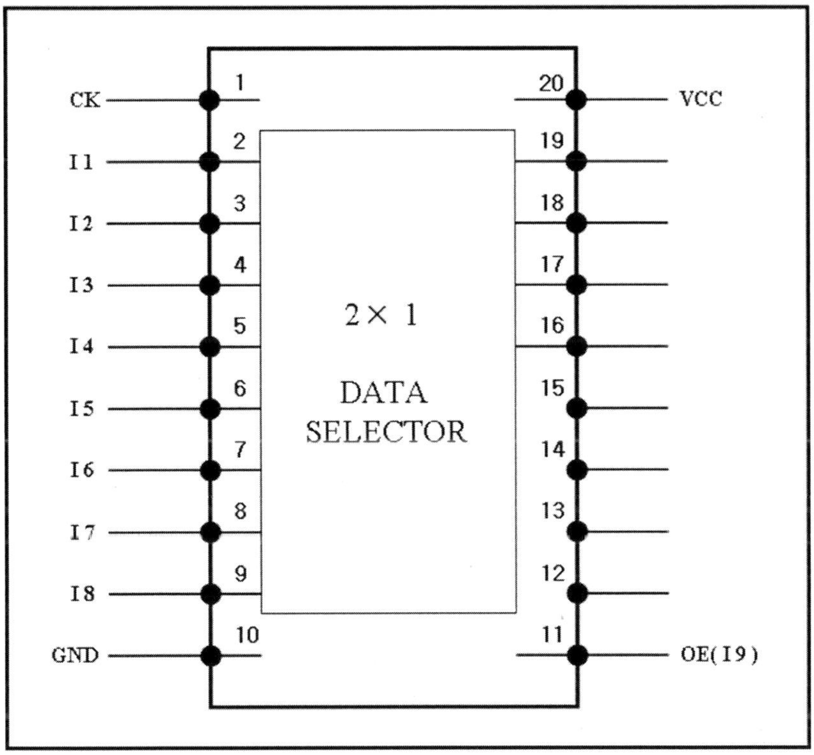

그림 4-6 데이터 셀렉터 실험을 하기 위한 PLD 트레이너 구성도

(2) 표 4-1, 그림 4-6에 대한 *.PDS 파일을 만들어 입력한다.
(입력 할 파일명은 이름_42.PDS로 한다. 예: 홍길동_42.PDS)

```
TITLE      ; 데이터셀렉터
PATTERN    ; 학번
REVISION   ; 반, 번호
AUTHOR     ; 성명
COMPANY    ; 자동화시스템과
DATE       ; 자동설정
CHIP       ; GAL 16V8
```

(3) PDS파일을 컴파일하여 *.JED 파일을 16V8에 라이트 한 다음 PLD 트레이너에 16V8을 끼운다.

(4) 다음과 같은 절차로 실험을 하여 5주차 강의시작 전에 결과를 입력하시오.
(SW0~SW7을 차례로 작동하여 출력확인)

		S=0				S=1			
		Y1	Y2	Y3	Y4	Y1	Y2	Y3	Y4
SW0	0								
	1								
SW1	0								
	1								
SW2	0								
	1								
SW3	0								
	1								
SW4	0								
	1								
SW5	0								
	1								
SW6	0								
	1								
SW7	0								
	1								

제 5 장					
강의제목	플립플롭의 PLD화				
강의목표	순차논리회로를 설계하기 위한 플립플롭의 기본원리를 이해하고 PDS파일 프로그램에 의한 PLD로 플립플롭을 구현한다.				
참고문헌	교재명	저자명	출판사	페이지(pp)	비 고
	PLD	차영배	다다미디어	145~150	
	디지털공학	하영선	보문당	5-36~5-41	플립플롭의설계

1. 플립플롭 진리표

표 5-1은 플립플롭의 입력과 상태 함수로서 작성된 플립플롭 진리표이며, Q(t)는 현재 상태(present state)이고 Q(t +1)은 클럭 펄스가 가해진 후의 다음 상태(next state)이다.

RS 플립플롭에 관한 진리표는 입력 S, R이 모두 0일 때 다음 상태가 현재 상태와 같고, R=1일 때 출력은 클리어되고 S=1일 때 출력은 세트된다. R, S가 모두 동시에 1일 때 다음 상태에 물음표는 부정의 상태이다.

JK 플립플롭에 관한 진리표는 RS 플립플롭에서 부정의 상태만 제외하고 동일하다. JK 플립플롭은 J, K가 모두 1일 때 다음 상태는 현재 상태의 보수가 된다.

D 플립플롭은 다음 상태의 변화가 오직 입력 D에 관계된다.

T 플립플롭은 T=0이면 다음 상태는 현재 상태를 유지하고, T=1이면 현재 상태의 보수를 취한다.

표 5-1 플립플롭 진리표

S	R	Q(t+1)
0	0	Q(t)
0	1	0
1	0	1
1	1	?

(a) RS 플립플롭

J	K	Q(t+1)
0	0	Q(t)
0	1	0
1	0	1
1	1	Q'(t)

(b) JK 플립플롭

D	Q(t+1)
0	0
1	1

(c) D 플립플롭

T	Q(t+1)
0	Q(t)
1	Q'(t)

(d) T 플립플롭

2. 플립플롭의 PLD화

1) 플립플롭의 변환

이미 앞에서 PLD의 내부 구조를 설명하였듯이 PLD의 출력 단은

(1) 플립플롭을 사용하게 되면 PLD의 "1"번 핀은 무조건 클록 단자가 되고,
(2) 클록은 출력 단자에 있는 플립플롭에 똑같이 공급되며, 클록의 상승 모서리에서 동작하게 된다.
(3) 만약 플립플롭을 사용하게 되면 PLD의 "11"번 핀인 "OE"는 무조건 플립플롭의 출력이 나가는 것을 제어하게 된다.

플립플롭을 PLD화 하려면 JK 플립플롭을 이용한 경우보다 PLD의 특성을 살려서 D 플립플롭을 사용하는 것이 더욱 편리하다.

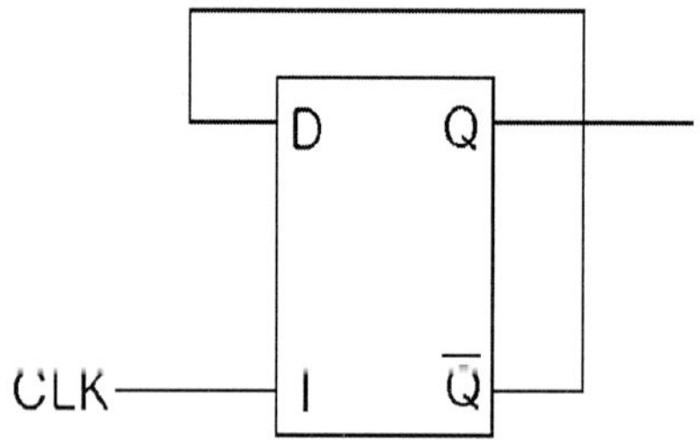

(a) D 플립플롭을 이용한 T 플립플롭

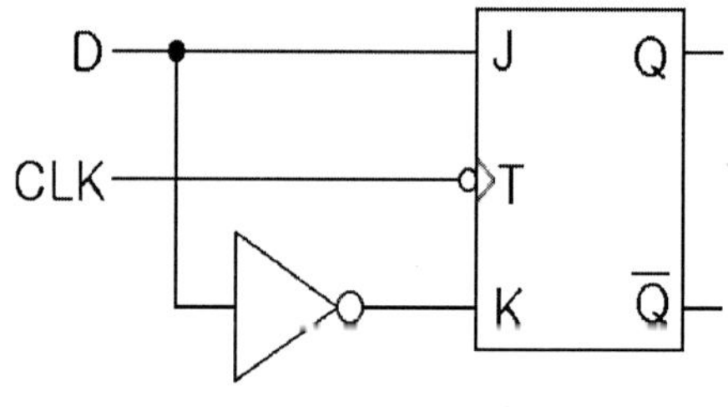

(b) JK 플립플롭을 이용한 D 플립플롭

그림 5-1 플립플롭의 변환 방법

(1) 그림 5-1(a)는 D 플립플롭을 T 플립플롭으로 사용한 예로서, D 입력중 $\overline{Q}$ 출력을 피드백 시켜서 실현할 수 있다.

(2) 또 JK 플립플롭은 (b)와 같이 K 입력에 인버터를 삽입하면 D 플립플롭을 실현할 수 있다.

(3) D 플립플롭을 이용하면 클록에 동기 된 각종 플립플롭을 만들 수 있다.

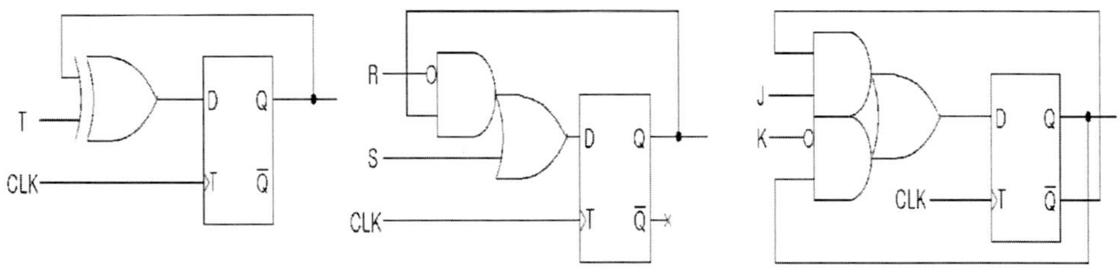

(a) T 플립플롭 (b) RS 플립플롭 (C) JK 플립플롭

그림 5-2 클록에 동기 시킨 플립플롭의 변환 방법

(1) 그림 5-2(a)와 같이 T 플립플롭은 D 플립플롭의 D 입력에 XOR 게이트를 삽입하면 실현할 수 있고,

(2) 그림 5-2(b)와 같이 RS 플립플롭은 D 플립플롭의 D 입력에 OR-AND 게이트를 2단계 삽입하면 실현할 수 있으며,

(3) 그림 5-2(c)와 같이 JK 플립플롭은 D 플립플롭의 D 입력에 AND-OR 게이트의 2단을 삽입하면 실현할 수 있다.

3. 문제 : 플립플롭의 PLD화

D 플립플롭 및 그림 5-3의 T, RS, JK 플립플롭을 PLD로 만들어 보자.

(1) D 플립플롭 및 그림 5-2를 실험하기 위한 PLD 트레이너의 구성은 그림 5-3과 같다.

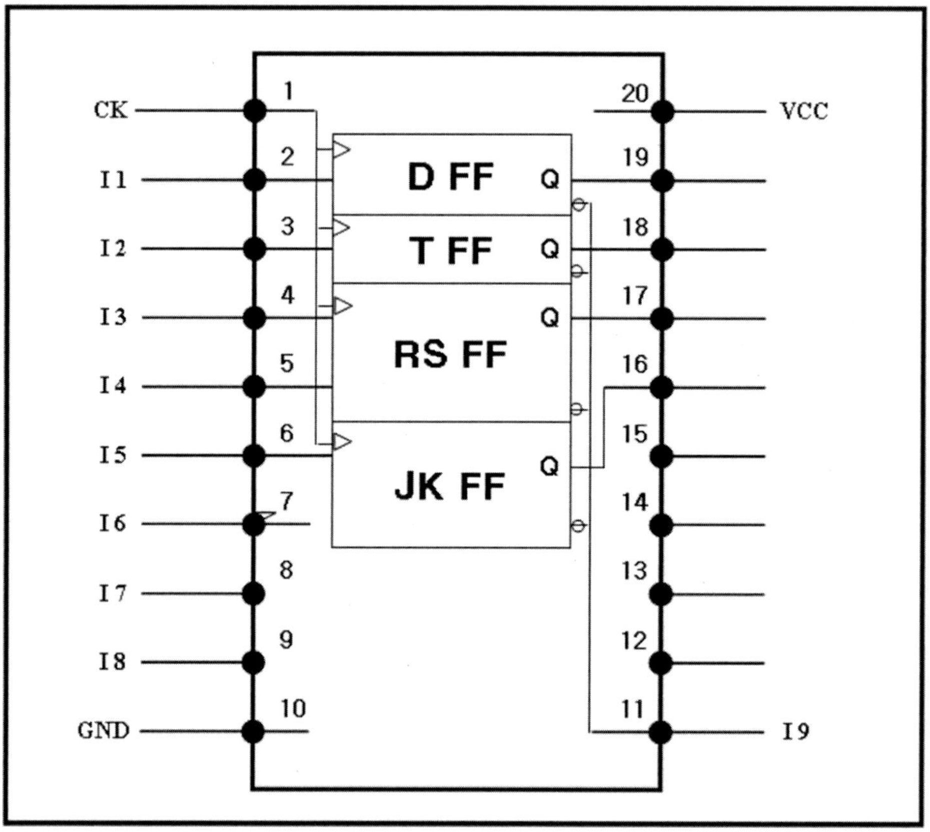

그림 5-3 기본적인 플립플롭을 실험하기 위한 PLD 트레이너 구성

☞ CLOCK 스위치를 눌렀다 놓으면 플립플롭(U7)의 바운스 현상 제거 회로를 통하여 1개의 클록이 만들어진다.

☞ OE 스위치는 "L"로 되어 있어야 출력이 가능하다.

(2) 그림 5-2를 보고 *.PDS 파일을 만들어 입력한다.

(입력 할 파일명은 이름_5.PDS로 한다. 예: 홍길동_5.PDS)

TITLE	: 플립플롭
PATTERN	: 학번
REVISION	: 반, 번호
AUTHOR	: 성명
COMPANY	: 자동화시스템과
DATE	: 자동설정
CHIP	: GAL 16V8

*제 4주에서 실험한 내용을 표로 만들어 제 5주 파일에 포함시켜 제출하시오.

(3) PDS파일을 컴파일하여 ＊.JED 파일을 16V8에 라이트 한 다음 PLD 트레이너에 16V8을 끼운나.

(4) 다음과 같은 절차로 실험하여 6주차 강의시작 전에 결과를 입력하시오.

(1) 입력 I_1을 다음 표에서와 같이 설정한 후 CLOCK 스위치를 눌러서 LED0의 상태를 표에 써넣어라.

그리고 D 플립플롭이 되는지 확인해보자.

D	Q0
I_1	LED0
0	
1	

(2) 입력 I_2을 다음 표에서와 같이 설정한 후 CLOCK 스위치를 눌러서 LED1의 상태를 표에 써넣어라.

그리고 T 플립플롭이 되는지 확인해보자.

T	Q1
I_2	LED1
0	
1	

(3) 입력 I_3, I_4을 다음 표에서와 같이 설정한 후 CLOCK 스위치를 눌러서 LED2의 상태를 표에 써넣어라.

그리고 RS 플립플롭이 되는지 확인해보자. R=S=1일 때 어떤 현상이 일어나는가?

S	R	Q2
I_3	I_4	LED2
0	0	
0	1	
1	0	
1	1	

(4) 입력 I_5, I_6을 다음 표에서와 같이 설정한 후 CLOCK 스위치를 눌러서 LED3의 상태를 표에 써넣어라.

그리고 JK 플립플롭이 되는지 확인해보자.

J	K	Q3
I_5	I_6	LED3
0	0	
0	1	
1	0	
1	1	

제 6 장					
강의제목	UP/DOWN 카운터				
강의목표	순차논리회로의 기본이 되는 UP/DOWN 카운터를 설계하여 논리식에 의한 카운터의 PLD화를 구현한 다음 HIGH LEVEL 언어를 이용하여 카운터를 PLD화 한다.				
참고문헌	교재명	저자명	출판사	페이지(pp)	비 고
	PLD	차영배	다다미디어	39～44, 151～154	high Level 언어카운터의 PLD화
	디지털공학	하영선	보문당	6-31～6-35	카운터의 설계

1. 동기식 계수기의 설계

(1) J-K 플립플롭에 대한 동작 여기표

J-K 플립플롭을 사용한 계수기의 설계는 그림 6-1과 같은 J-K 플립플롭의 동작과정표로부터 구할 수 있다. 즉 플립플롭의 모든 특정한 상태 변화에 대응할 수 있도록 J-K입력을 나타낼 수 있는 여기표를 만들어야 한다. 이것이 그림 6-2(b)와 같은 여기표이다.

이것은 입력과 현재의 상태에서 원하는 다음상태를 알고 있을 때 원하는 다음상태의 변화를 여기시킬 수 있는 플립플롭의 입력 조건을 표시한 표이다.

예를 들면, 여기표 6-2(b)는 임의의 출력이 시간 t에서 클록 펄스를 인가한 후 시간 t+1에서도 0 상태가 되려면 K입력은 1, 0에는 관계없고(don't care 상태), J입력은 반드시 0이 되어야 한다.

왜냐하면 그림 6-1에서 보면 만일 Q단이 리셋되고 그 상태로 남아 있으면 무변화(J=0, K=0) 또는 클리어 (J=0, K=1)의 입력 논리 상태로 되어야 한다. 즉 Q(t)=0에서 Q(t+1)=0이 되려면 J=0이고 K는 1, 0에는 무관하게(don't care 상태) 된다.

J	K	출 력(Q_{t+1})
0	0	Q_t(불 변)
0	1	0(클리어)
1	0	1(세 트)
1	1	$\overline{Q_t}$(토 글)

원하는 동작상태의 변화(transition)		JK입력	
Q_t	Q_{t+1}	J	K
0	0	0	X
0	1	1	X
1	0	X	1
1	1	X	0

그림 6-1 JK 플립플롭 동작에 대한 동작 과정표

MOD-5 동기식 계수기는 그림 6-2(a)와 같은 기본회로를 이용하여 설계할 수 있다.

우선 모든 계수기 단은 동기식 작동을 위하여 같은 클록 펄스신호에 의해서 직접 클록 펄스가 가해지도록 한다. Mod-5 계수기는 상태수가 5이므로 3단의 플립플롭을 사용하여야 된다.

각 단은 클록 펄스에 의해 트리거되며, 입력 J-K에서 공급되는 논리 신호에 따라 출력상태가 변화된다.

계수기를 설계하기 위하여 계수표 및 여기표를 이용한 카르나도 간략화법을 소개하기로 한다.

Mod-5 계수기의 계수표 및 여기표는 그림 6-2(b)와 같이되며, 계수는 0에서 4까지 5개의 계수 단계를 통하여 시행된다.

전체적인 Mod-5 동기식 계수기의 회로는 그림 6-2(c)에 보인 바와 같다. 원하는 논리 신호를 얻기 위한 각 단의 입력에 대해서 카르나도를 적용시키면 체계적인 설계를 할 수 있다.

여기표와 동작 과정표(action table)를 이용한 설계과정은 다음과 같다.

(2) 설계 과정

이 설계 방법은 4가지 단계로 이루어진다.

1) 설계하고자 하는 계수기의 계수표(count table)을 만든다[그림 6-2(b) 참조].

2) 원하는 단수에 필요한 입력을 갖는 동기식 계수기를 그린다[그림 6-2(a) 참조].

3) 계수표와 동작 과정표를 사용하여 각 단의 J와 K입력에 대한 카르나도를 구한다.

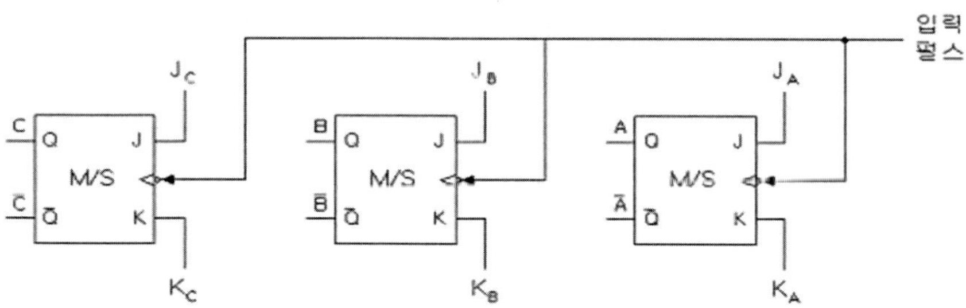

(a) 기본회로

클 럭	$Q_{(t)}$			$Q_{(t+1)}$			여기표					
	C	B	A	C	B	A	J_A	K_A	J_B	K_B	J_C	K_C
0	0	0	0	0	0	1	1	×	0	×	0	×
1	0	0	1	0	1	0	×	1	1	×	0	×
2	0	1	0	0	1	1	1	×	×	0	0	×
3	0	1	1	1	0	0	×	1	×	1	1	×
4	1	0	0	0	0	0	0	×	0	×	×	1

(b) 계수표 및 여기표

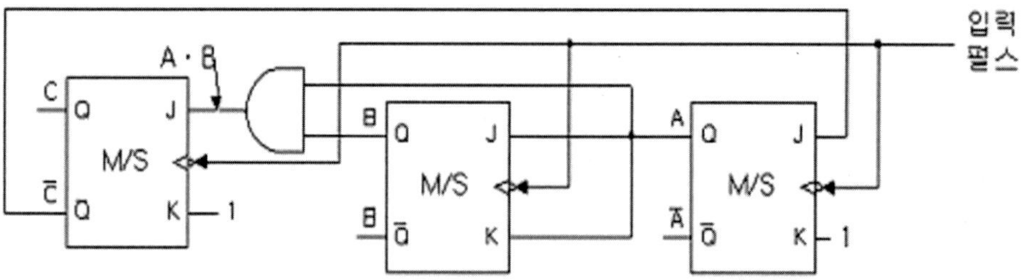

(c) 결선회로

그림 6-2 Mod-5 동기식 계수기

4) 최종적으로 완성된 동기식 계수기 회로를 결선한다[그림 6-2(c) 참조].그림 6-3(b)는 Mod-5계수기 설계를 위한 현재의 A단에 대한 카르나도를 보인 것이다.

그림 6-2(b)의 계수표를 참조하면 A단은 0(001)의 계수 단계에서는 논리 상태 0에서 1로 변해야 되고 1(001)의 계수 단계에서는 논리 상태 1에서 0으로 2(010)의 계수 단계에서는 논리 상태 0에서 1로 변해야 한다. 3(011)의 계수 단계에서는 논리 상태 1에서 0으로 변해야 하며, 4(100)의 계수단계에서는 논리 상태 0에서 0으로 되어야 한다.

논리상태 0에서 0으로의 변화는 동작과정표 그림 6-1을 보면 J=0, K=x가 되며 논리 상태 0에서 1로의 변화는 동작과정표 그림 6-1에서 J=1, K=x로서 이루어진다.

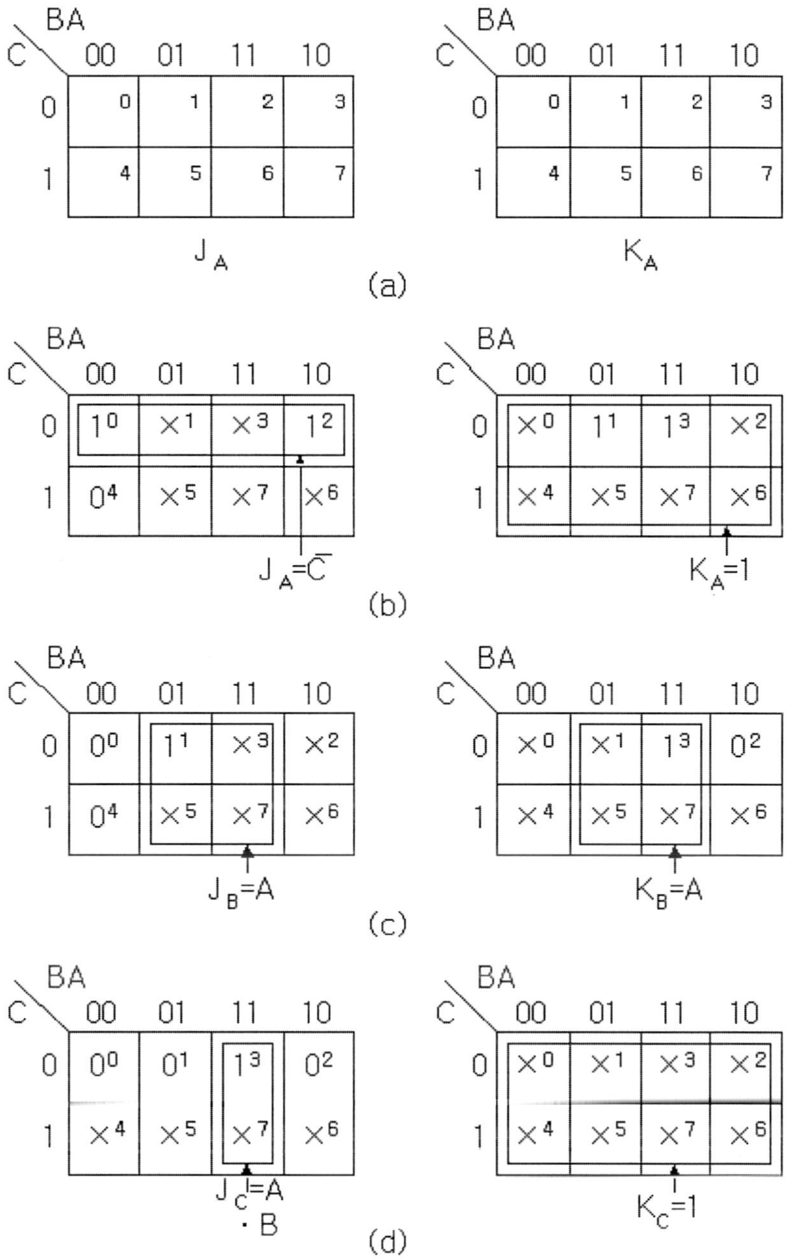

그림 6-3 Mod-5 동기식 계수기 설계를 위한 카르나도

논리 상태 1에서 0으로의 변화는 동작과정표를 보면 J=x, K=1이어야 한다. 또한 논리상태 1에서 1로의 변화는 J=x, K=0이 되어야 한다.

동작과정표에 의해서 J_A 및 K_A의 여기표를 완성하고 같은 방법으로 J_B, K_B, J_C, K_C의 여기표를 완성한다. 여기표가 완성되면 각 플립플롭의 입력을 구하기 위해 카르나도를 이용하면 그림 6-3과 같이 된다.

카르나도를 이용하면 $K_A=1$, $J_A=\overline{C}$로 된다.

이와 같은 방법으로 B단 및 C단에 대해서도 카르나도를 만들면 그림 6-3(d)와 같이 되며 각 단에 원하는 J_A, K_A 입력은 다음 식으로 구해진다.

$$J_A = \overline{C} \qquad KA = 1$$

$$J_B = A \qquad KB = A$$

$$J_C = A \cdot B \qquad KC = 1$$

이상과 같은 입력을 그림 6-2(a)에 회로 연결하면 그림 6-2(c)와 같은 Mod-5 동기식 계수기가 된다.

2. 계수기의 PLD화

계수기를 PLD화 하기 위해서는 D 플립플롭을 이용해야 편리하다.

D 플립플롭을 이용한 PLD화를 구현하기 위해서는 그림 6-2 계수표 $Q_{(t-1)}$에 대한 출력을 카르나도에 의해 간략화하면 된다. 결과는 다음과 같다.

$$C_{(t+1)} = Q_0 = BC$$

$$B_{(t+1)} = Q_1 = B \oplus C$$

$$A_{(t+1)} = Q_2 = \overline{A}\,\overline{C}$$

3. 문제1 : Mod-5 카운터의 PLD화

(1) 그림 6-2를 실험하기 위한 PLD 트레이너는 그림 6-4와 같이 구성한다.

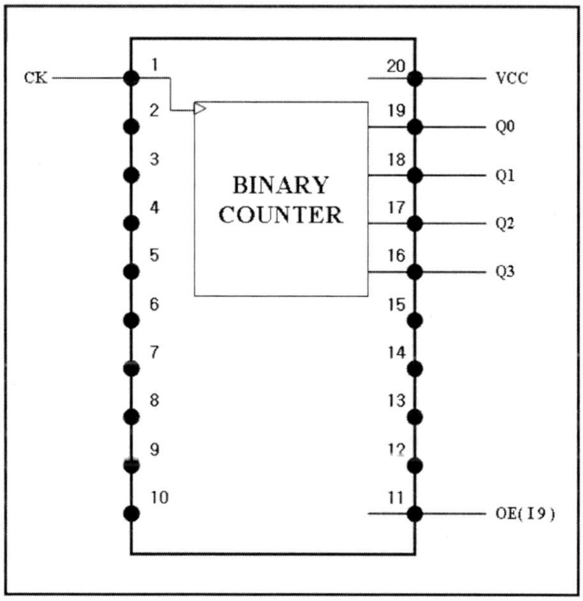

그림 6-4 4비트 2진 카운터 실험을 위한 PLD 트레이너 구성

(2) 그림 6-2의 Mod-5 동기식 계수기의 *.PDS 파일을 만들어 입력한다.
($Q_2=BC$, $Q_1=B\oplus C$, $Q_0=\overline{A}\,\overline{C}$, $Q_3=0$)
(입력 할 파일명은 이름_61.PDS로 한다. 예: 홍길동_61.PDS)

```
TITLE      ; MOD 5 카운터
PATTERN    ; 학번
REVISION   ; 반, 번호
AUTHOR     ; 성명
COMPANY    ; 자동화시스템과
DATE       ; 자동설정
CHIP       ; GAL 16V8
```

*제 5주에서 실험한 내용을 표로 만들어 제 6주 파일에 포함시켜 제출하시오.

4. HIGH-LEVEL 언어에 의한 PLD화

(1) 키워드

표 6-1에 PALASM에 사용할 수 있는 키워드를 정리하여 나타내었으며, 이 키워드는 핀 이름으로 사용하면 안 된다.

표 6-1 PALASM에서 사용할 수 있는 키워드

키 워 드	설 명	사 용 예
AUTHOR	설계한 사람 이름	AUTHOR CHA
PATTERN	설계한 파일의 패턴 이름	PATTERN A
REVISION	수정한 번호	REVISION 1
COMPANY	회사 이름	COMPANY MIDAS
DATE	날자	DATE 1999.5.00
TITLE	제목	TITLE DECODER
CHIP	CHIP 〈칩 이름〉 〈PAL이름〉	CHIP GATE PAL16V8
EQUATION	논리식을 선언할 때 사용.	EQUATION (다음 줄부터 논리식을 서술)
PIN	PIN 이름을 정의	PIN 3 IN1 ; 핀 번호 3의 이름 IN1
STRING	스트링을 선언할 때 사용	STRING X0 'A0 * B0 + /A0 * /B0'
CASE	CASE 문을 사용할 때 사용	다음에 설명
IF-THEN-ELSE	IF-THEN-ELSE 문을 사용할 때	다음에 설명
TRST	3 스테이트 출력에 사용	Y.TRST = /OE
VCC	핀에 논리 "1"을 줄 때 사용	OUT4 = VCC
GND	핀에 논리 "0"을 줄 때 사용	OUT4 = GND
NC	핀을 사용하지 않을 경우	OUT4 = NC

HIGH-LEVEL 언어에 의한 PLD화에 활용되는 키워드를 간단히 설명한다.

(2) CASE 예약어

제어의 흐름을 변경하기 위하여 사용하며, 사용하는 방법을 다음과 같다.

① 서식

```
CASE 조건                ; 2진수의 bit 수를 정의

Value: BEGIN             ; 현재 상태의 2진수를 10진수로 표기
          액션           ; 다음 상태를 정의
       END
Value: BEGIN
          액션
       END

OTHERWISE: BEGIN
          액션
       END
END
```

② CASE 문장은

ⓐ 조건이 Value와 일치하면 액션을 실행하게 된다.
ⓑ 조건이 Value와 일치하지 않으면 OTHERWISE 액션을 실행하게 된다.

예 1 CASE 예약어

```
CASE (X,Y)
BEGIN
  0:  BEGIN                ; If X=0,Y=0 인 경우
        C = /A * /B
        END
  3:  BEGIN                ; If X=1,Y=1 인 경우
        C = /A * B
        END
  OTHERWISE: BEGIN         ; If X=0,Y=1 혹은  X=1,Y=0 인 경우
        C = A * B
        END
END
```

(3) IF-THEN-ELSE 예약어

조건이 참이면 IF의 식을 실행하고, 조건이 거짓이면 ELSE의 식을 실행한다.

① 서식

```
IF 조건 식  THEN
   BEGIN
       액션
   END
ELSE
   BEGIN
       액션
   END
```

② 조건 식은 다음과 같은 것들이 있다.

ⓐ 한 개의 핀 혹은 노드 혹은 논리식

ⓑ 벡터는 핀의 범위 등을 사용할 수 있다.

예 2	IF ~ THEN ~ 예약어

```
IF(I[0..7]=#B10001001)  THEN        ; 현재상태가 2진수 1000001이면
   BEGIN
       A=B*/C
   END
ELSE                                ; 현재상태가 10001001이 아니면
   BEGIN
       A=GND
   END
```

CASE 예약어와 조합하여 사용할 수 있다.

5. 문제2 : HIGH-LEVEL 언어를 이용한 PLD화

(1) PALASM의 하이 레벨 언어 중 CASE 문을 이용하면 논리식을 만들지 않고도 쉽게 카운터를 만들 수 있다. CASE 문을 이용하여 Mod-5 동기식 카운터를 그림 6-2 계수표를 이용하여 *.PDS 프로그램하여 입력하시오(CASE 키워드 이용).

(입력 할 파일명은 이름_62.PDS로 한다. 예: 홍길동_62.PDS)

```
TITLE       ; 하이 레벨 언어
PATTERN     ; 학번
REVISION    ; 반, 번호
AUTHOR      ; 성명
COMPANY     ; 자동화시스템과
DATE        ; 자동설정
CHIP        ; GAL 16V8
```

6. 문제3 : Mod-5 동기식 UP/DOWN 카운터

(1) 증가/감소 카운터 PLD 트레이너로 그림 6-5와 같이 구성한다.

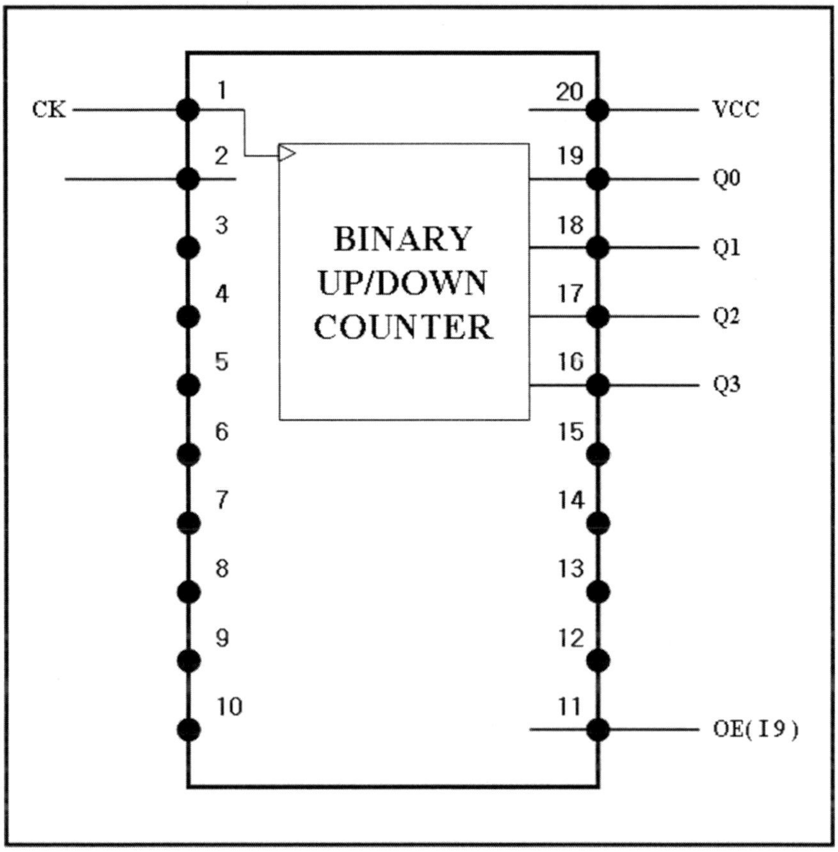

그림 6-5 증가/감소 카운터를 실험하기 위한 PLD트레이너 구성

(2) Mod-5 동기식 UP/DOWN 카운터를 하이 레벨 언어를 사용하여 만들어 입력하시오.

(CASE 및 IF-THEN-ELSE 키워드 이용)

(입력 할 파일명은 이름_63.PDS로 한다. 예: 홍길동_63.PDS)

```
TITLE      ; UP/DOWN 카운터
PATTERN    ; 학번
REVISION   ; 반, 번호
AUTHOR     ; 성명
COMPANY    ; 자동화시스템과
DATE       ; 자동설정
CHIP       ; GAL 16V8
```

<table>
<tr><td colspan="6">제 7 장</td></tr>
<tr><td>강의제목</td><td colspan="5">시프트 레지스터</td></tr>
<tr><td>강의목표</td><td colspan="5">데이터의 입력과 출력의 기본이 되는 시프트 레지스터를 이해하고 PDS파일을 프로그램하여 시프트 레지스터를 PLD로 구현한다.</td></tr>
<tr><td rowspan="3">참고문헌</td><td>교재명</td><td>저자명</td><td>출판사</td><td>페이지(pp)</td><td>비 고</td></tr>
<tr><td>PLD</td><td>차영배</td><td>다다미디어</td><td>171~182</td><td>시프트레지스터의 PLD화</td></tr>
<tr><td>디지털공학</td><td>하영선</td><td>보문당</td><td>6-1~6-4</td><td>시프트레지스터</td></tr>
</table>

1. 시프트 레지스터(Shift Registers)

(1) 직렬 입력 직렬 출력 시프트 레지스터(Serial in-Serial out Shift Registers)

직렬 입력-직렬출력 시프트 레지스터는 데이터를 직렬로 받아들여 직렬로 출력한다.
즉, 데이터를 1비트씩 입력하여 1비트씩 출력한다는 의미를 갖고 있으며, 그림 7-1과 같다.

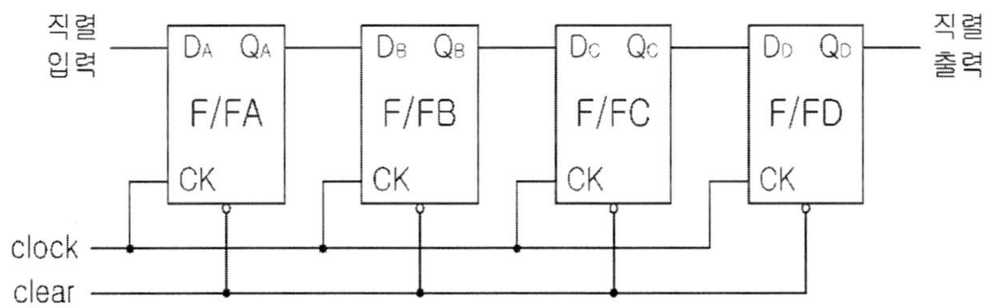

그림 7-1 직렬 입력-직렬 출력 시프트 레지스터

이 방식은 4비트 직렬 입력-직렬 출력 시프트 레지스터로 클리어 입력을 갖춘 D형 F/F 4개를 접속하였다. 이 시프트 레지스터는 4개의 플립플롭으로 구성되므로 4비트의 데이터를 저장할 수 있고, 하나의 데이터 입력, 클럭 입력, 클리어 입력 및 2개의 콤플리멘터리 출력을 가지고 있다. 여기서 직렬 입력-직렬 출력 시프트 레지스터의 동작을 설명하기 위해 4비트 2진수 1001을 처리하는 방법을 알아보자.

그림 7-2의 직렬 입력-직렬 출력 시프트 레지스터의 저장순서는 처음 클리어 입력을 작동하여 리셋시킨다. 4비트 2진수의 맨 오른쪽 최하위 비트1을 데이터로 입력하고 첫 번째 클록 펄스가 가해지면 F/F A가 세트되어 1이 저장된다. 따라서 $Q_A=1$의 상태가 된다.

두 번째 비트0이 데이터 입력에 가해지고 두 번째 펄스가 가해지면 $Q_A=D_B=1$이므로 F/F B가 세트되어 $Q_B=1$의 상태가 되는 동시에 F/F A는 $D_A=0$이므로 리셋되어 $Q_A=0$이 된다.

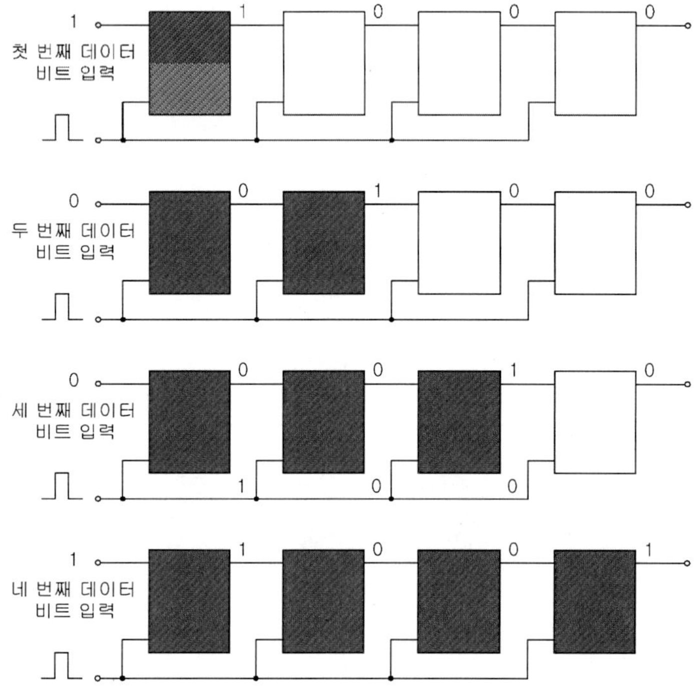

그림 7-2 직렬 입력-직렬 출력 시프트 레지스터의 저장순서

즉 F/F A에 저장되어 있던 첫 번째 비트1이 F/F B로 시프트되고 F/F A에는 두 번째 비트0이 새로 저장된다. 따라서 $Q_B=1$, $Q_A=0$의 출력 상태가 된다.

세 번째 비트0이 데이터 입력에 가해지고, 세 번째 클럭 펄스가 가해지면 $D_A=0$, $D_B=0$, $D_C=Q_B=1$이므로 F/F A, F/F B 및 F/F C는 $Q_C=1$, $Q_B=0$, $Q_A=0$의 출력 상태가 된다. 즉 첫 번째 비트가 세 번 자리이동을 한 셈이 된다.끝으로 마지막 최상위 데이터 비트1이 가해지고 네 번째 클럭 펄스가 가해지면 F/F A가 세트되는 동시에 F/F B, F/F C, F/F D는 $Q_D=1$, $Q_C=0$, $Q_B=0$, $Q_A=1$의 출력상태가 된다.

이것으로 4비트 2진수 1001이 시프트 레지스터의 4개의 F/F에 순서대로 저장된 것이 된다.

이 상태는 전원이 가해져 있는 한 그대로 유지된다. 이들 4개의 비트를 시프트 레지스터로부터 끌어내려면 직렬로 자리이동을 시키면서 끌어내야 한다.

가장 간단한 방법으로 입력을 0으로 하고 3개의 클럭 펄스를 차례로 가하는 방법이다.

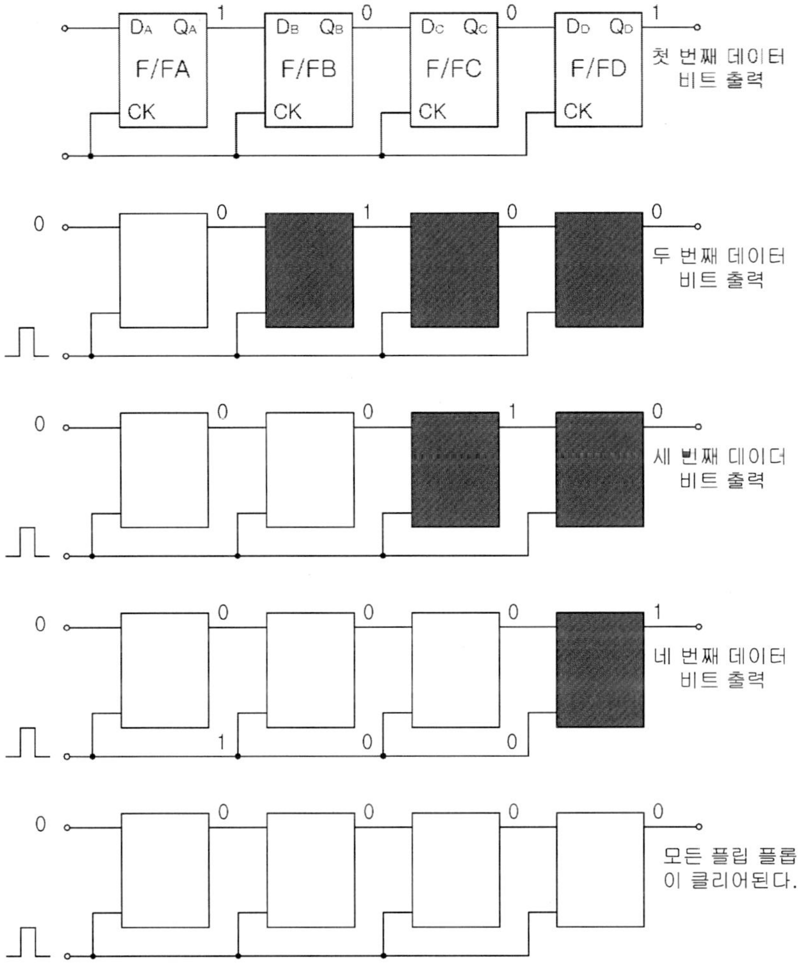

그림 7-3 직렬 입력-직렬 출력 시프트 레지스터의 출력순서

처음에 출력 Q_D=1이 되며 이어서 0 및 1의 순서로 된다. 네 번째 클럭 펄스로 입력 0이 4개의 F/F를 모두 통과하므로 시프트 레지스터의 출력은 0이 된다. 즉 4비트 2진수가 직렬로 출력되어 4개의 F/F의 출력이 모두 0으로 클리어 된다. 4비트 데이터가 자리이동을 하면서 레지스터로부터 출력되는 순서는 그림 7-3의 직렬 입력-직렬 출력 시프트 레지스터와 같다.

2. 시프트 레지스터의 PLD화

4비트 시프트 레지스터 74195를 PLD로 만들어보자. 74195의 진리표는 표 7-1과 같다.

표 7-1 74195의 진리표

입력							출력				
S/L	J	K	A	B	C	D	QA	QB	QC	QD	기 능
0	X	X	A	B	C	D	A	B	B	D	로 드
1	0	1	X	X	X	X	QAn	QAn	QBn	QCn	홀 드
1	0	0	X	X	X	X	L	QAn	QBn	QCn	리 셋
1	1	1	X	X	X	X	H	QAn	QBn	QCn	셋
1	1	0	X	X	X	X	/QAn	QAn	QBn	QCn	토 글
n 첨자는 클록이 입력되기 전의 값											

표 7-1의 시리얼 모드에서 QB, QC, QD 출력은 1개 전단의 FF 출력 상태를 유지하면 되므로, 각 출력은 식 (1)과 같이 간단히 얻을 수 있다.

$$QB = QA \qquad QC = QB \qquad QD = QC \tag{1}$$

그러나 QA 출력은 J, K 입력 상태에 따라 출력 상태가 다르기 때문에 QA의 논리식은 다른 출력의 논리식과 비교해서 좀 복잡하다. 즉 PLD에서는 D 플립플롭밖에 사용할 수 없으므로 D 플립플롭을 JK 플립플롭으로 변환할 필요가 있다. 변환 방법은 앞장에서 설명을 하였지만 진리표를 이용하여 만들어 보자.

표 7-2는 QA 출력과 연관된 JK 플립플롭의 진리표이다.

표 7-2 JK 플립플롭의 진리표

현재 상태			다음 상태
입 력			출 력
J	K	QA	QA
0	0	0	0
0	0	1	1
0	1	0	0
0	1	1	0
1	0	0	1
1	0	1	1
1	1	0	1
1	1	1	0

표 7-2에서 출력 Q_A에 대한 논리식을 구해보면 식 (2)와 같이 된다. 따라서

QA=(/J * K * QA+J * K * QA)+(K * J * /QA+/K * J * /QA)=K * QA+J * /QA (2)

따라서 표 7-1에 의하여 출력을 구하면

$Q_A = (K * Q_A + J * /Q_A) * SEL + A * /SEL$
$Q_B = Q_B * SEL + B * /SEL$
$Q_C = Q_B * SEL + C * /SEL$
$Q_D = Q_C * SEL + D * /SEL$

이 된다.

3. 문제 : 시프트 레지스터의 PLD화

(1) 74195를 실험하기 위한 PLD 트레이너의 구성은 다음과 같다.

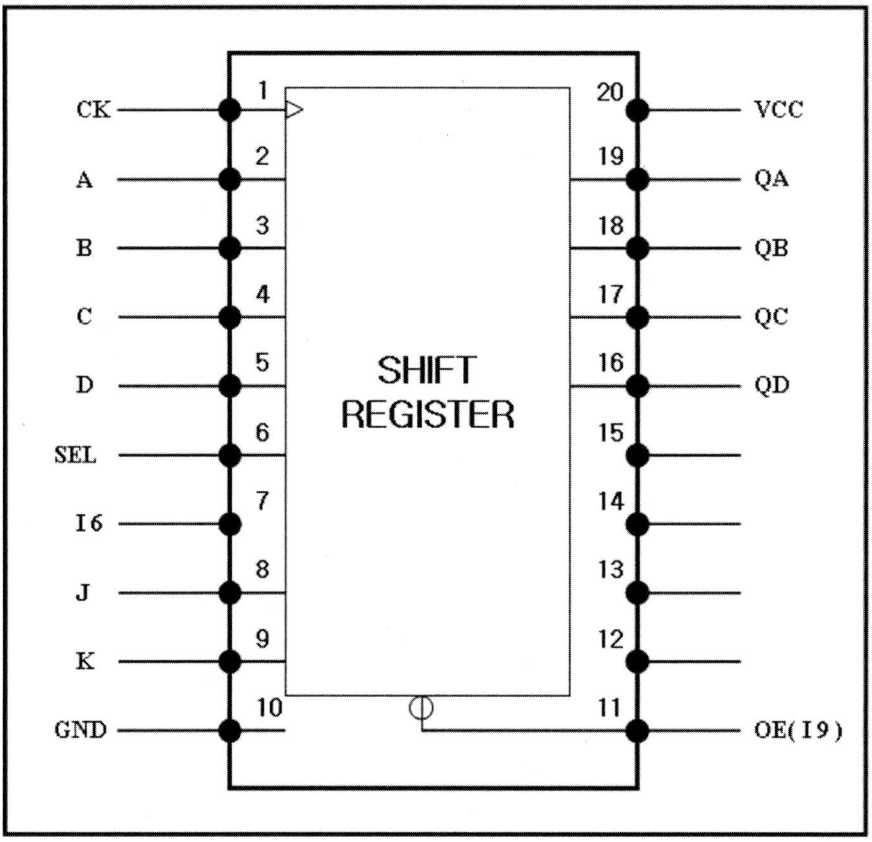

그림 7-4 74195를 실험하기 위한 PLD 트레이너 구성

(2) 식 (1), (2)를 이용하여 *.PDS 파일을 만들어 입력한다.
(입력 할 파일명은 이름_7.PDS로 한다. 예: 홍길동_7.PDS)

TITLE	: 시프트 레지스터
PATTERN	: 학번
REVISION	: 반, 번호
AUTHOR	: 성명
COMPANY	: 자동화시스템과
DATE	: 자동설정
CHIP	: GAL 16V8

(3) PDS 파일을 컴파일하여 ＊.JED 파일을 16V8에 라이트 한 다음 PLD 트레이너에 16V8을 끼운다.

(4) 다음과 같은 절차로 실험을 해보자.

(1) SEL를 "L"로 놓고 SW0~SW3을 조작해서 LED0~LED3에 나타나는지 확인.

(2) SEL를 "H"로 놓고 SW6(J)=L, SW7(K)=H로 놓고 LED0~LED3을 확인!
표 7-2와 비교해보자.

(3) SEL를 "H"로 놓고 SW6(J)=L, SW7(K)=L로 놓고 LED0~LED3을 확인!
표 7-2와 비교해보자.

(4) SEL를 "H"로 놓고 SW6(J)=H, SW7(K)=H로 놓고 LED0~LED3를 확인!
표 7-2와 비교해보자.

(5) SEL를 "H"로 놓고 SW6(J)=H, SW7(K)=L로 놓고 LED0~LED3를 확인!
표 7-2와 비교해보자.

부 록

Ⅰ. 16V8B

Ⅱ. 22V10B

Ⅲ. Data Sheet

Features

- Industry Standard Architecture
  - Low Cost Easy-to-Use Software Tools
- High-Speed, Electrically-Erasable Programmable Logic Devices
  - 7.5 ns Maximum Pin-to-Pin Delay
- Several Power Saving Options

Device	I_{CC}, Stand-By	I_{CC}, Active
ATF22V10B	85 mA	90 mA
ATF22V10BQ	35 mA	40 mA
ATF22V10BQL	5 mA	20 mA

- CMOS and TTL Compatible Inputs and Outputs
  - Input and I/O Pull-Up Resistors
- Advanced Flash Technology
  - Reprogrammable
  - 100% Tested
- High Reliability CMOS Process
  - 20 Year Data Retention
  - 100 Erase/Write Cycles
  - 2,000V ESD Protection
  - 200 mA Latchup Immunity
- Full Military, Commercial, and Industrial Temperature Ranges
- Dual-in-Line and Surface Mount Packages in Standard Pinouts

High-Performance EE PLD

ATF22V10B

Logic Diagram

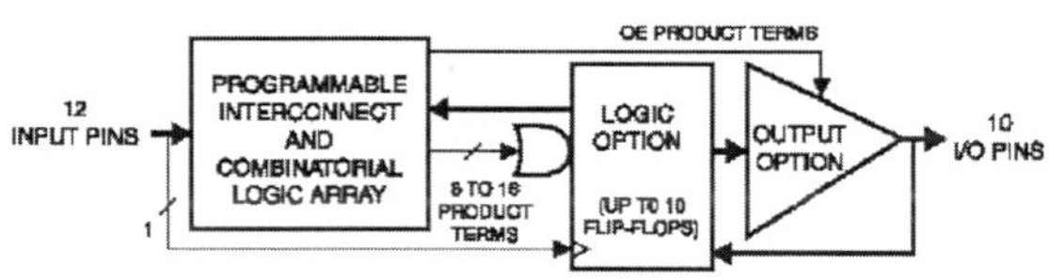

Pin Configurations

Pin Name	Function
CLK	Clock
IN	Logic Inputs
I/O	Bidirectional Buffers
*	No Internal Connection
V_{CC}	+5V Supply

TSSOP Top View

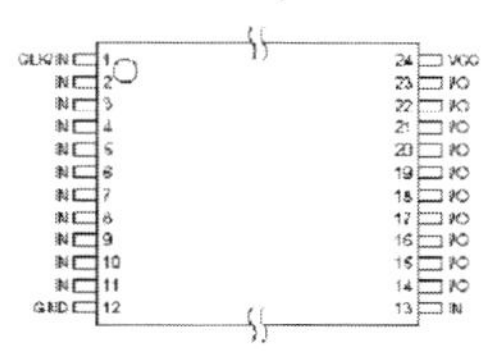

DIP/SOIC

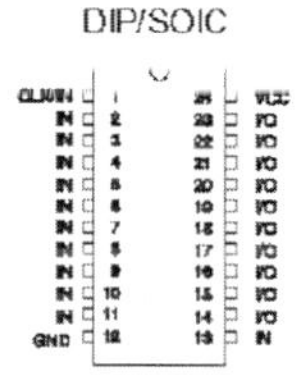

LCC/PLCC

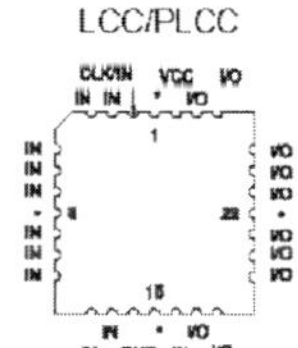

Top View

Rev. 0260F–06/98

Description

The ATF16V8B is a high performance CMOS (Electrically Erasable) Programmable Logic Device (PLD) which utilizes Atmel's proven electrically erasable Flash memory technology. Speeds down to 7.5 ns are offered. All speed ranges are specified over the full 5V ± 10% range for industrial temperature ranges, and 5V ± 5% for commercial temperature ranges.

Several low power options allow selection of the best solution for various types of power-limited applications. Each of these options significantly reduces total system power and enhances system reliability.

The ATF16V8Bs incorporate a superset of the generic architectures, which allows direct replacement of the 16R8 family and most 20-pin combinatorial PLDs. Eight outputs are each allocated eight product terms. Three different modes of operation, configured automatically with software, allow highly complex logic functions to be realized.

Absolute Maximum Ratings*

Temperature Under Bias	-55°C to +125°C
Storage Temperature	-65°C to +150°C
Voltage on Any Pin with Respect to Ground	-2.0 V to +7.0 V(1)
Voltage on Input Pins with Respect to Ground During Programming	-2.0 V to +14.0 V(1)
Programming Voltage with Respect to Ground	-2.0 V to +14.0 V(1)

*NOTICE: Stresses beyond those listed under "Absolute Maximum Ratings" may cause permanent damage to the device. This is a stress rating only and functional operation of the device at these or any other conditions beyond those indicated in the operational sections of this specification is not implied. Exposure to absolute maximum rating conditions for extended periods may affect device reliability.

Note: 1. Minimum voltage is -0.6V DC, which may undershoot to -2.0V for pulses of less than 20 ns. Maximum output pin voltage is V_{CC} + 0.75V DC, which may overshoot to 7.0V for pulses of less than 20 ns.

DC and AC Operating Conditions

	Commercial	Industrial
Operating Temperature (Case)	0°C - 70°C	-40°C - 85°C
V_{CC} Power Supply	5V ± 5%	5V ± 10%

DC Characteristics

Symbol	Parameter	Condition			Min	Typ	Max	Units
I_{IL}	Input or I/O Low Leakage Current	$0 \le V_{IN} \le V_{IL}(MAX)$				-35	-100	μA
I_{IH}	Input or I/O High Leakage Current	$3.5 \le V_{IN} \le V_{CC}$					10	μA
I_{CC}	Power Supply Current, Standby	V_{CC} = MAX, V_{IN} = MAX, Outputs Open	B-7, -10	Com.		55	85	mA
				Ind.		55	95	mA
			B-15, -25	Com.		50	75	mA
				Ind.		50	80	mA
			BQ-10	Com.		35	55	mA
			BQL-15, -25	Com.		5	10	mA
				Ind.		5	15	mA
I_{CC2}	Clocked Power Supply Current	V_{CC} = MAX, Outputs Open, f=15 MHz	B-7, -10	Com.		60	90	mA
				Ind.		60	100	mA
			B-15, -25	Com.		55	85	mA
				Ind.		55	95	mA
			BQ-10	Com.		40	55	mA
			BQL-15, -25	Com.		20	35	mA
				Ind.		20	40	mA
I_{OS}[1]	Output Short Circuit Current	V_{OUT} = 0.5 V					-130	mA
V_{IL}	Input Low Voltage				-0.5		0.8	V
V_{IH}	Input High Voltage				2.0		V_{CC}+0.75	V
V_{OL}	Output High Voltage	$V_{IN}=V_{IH}$ or V_{IL}, V_{CC}=MIN	I_{OL} = -24 mA Com., Ind.				0.5	V
V_{OH}	Output High Voltage	$V_{IN}=V_{IH}$ or V_{IL}, V_{CC}=MIN	I_{OH} = -4.0 mA		2.4			V

Note: 1. Not more than one output at a time should be shorted. Duration of short circuit test should not exceed 30 sec.

AC Waveforms[1]

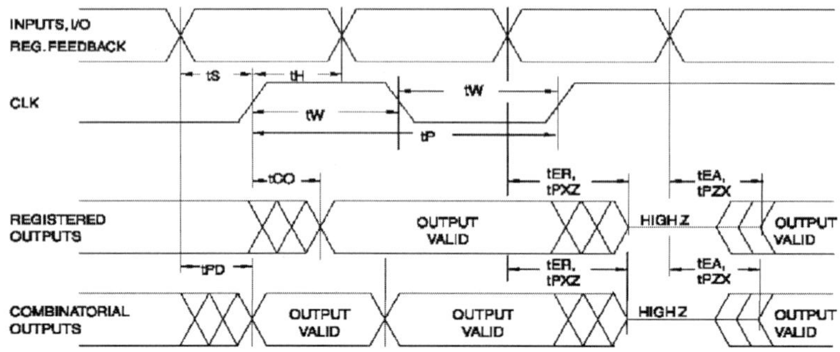

Note: 1. Timing measurement reference is 1.5V. Input AC driving levels are 0.0V 3.0V, unless otherwise specified.

AC Characteristics[1]

Symbol	Parameter		-7[2]		-10		-15		-25		Units
			Min	Max	Min	Max	Min	Max	Min	Max	
t_{PD}	Input or Feedback to Non-Registered Output	8 outputs switching	3	7.5	3	10	3	15	3	25	ns
		1 output switching		7							ns
t_{CF}	Clock to Feedback			3		6		8		10	ns
t_{CO}	Clock to Output		2	5	2	7	2	10	2	12	ns
t_S	Input or Feedback Setup Time		5		7.5		12		15		ns
t_H	Hold Time		0		0		0		0		ns
t_P	Clock Period		8		12		16		24		ns
t_W	Clock Width		4		6		8		12		ns
F_{MAX}	External Feedback $1/(t_S+t_{CO})$			100		68		45		37	MHz
	Internal Feedback $1/(t_S+t_{CF})$			125		74		50		40	MHz
	No Feedback $1/(t_P)$			125		83		62		41	MHz
t_{EA}	Input to Output Enable — Product Term		3	9	3	10	3	15	3	20	ns
t_{ER}	Input to Output Disable — Product Term		2	9	2	10	2	15	2	20	ns
t_{PZX}	$\overline{OE}$ pin to Output Enable		2	6	2	10	2	15	2	20	ns
t_{PXZ}	$\overline{OE}$ pin to Output Disable		1.5	6	1.5	10	1.5	15	1.5	20	ns

Notes: 1. See ordering information for valid part numbers and speed grades.
2. Recommend ATF16V8C-7.

Input Test Waveforms and Measurement Levels:

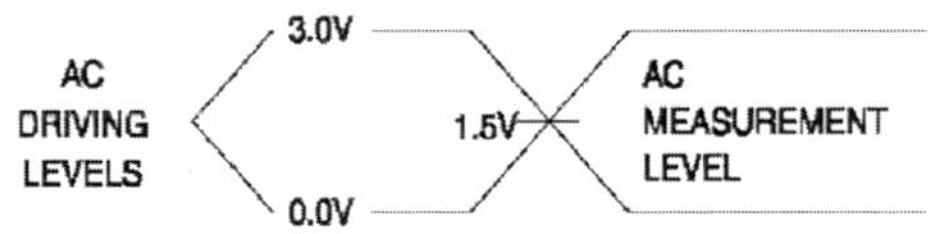

t_R, t_F < 5 ns (10% to 90%)

Output Test Loads:

Commercial

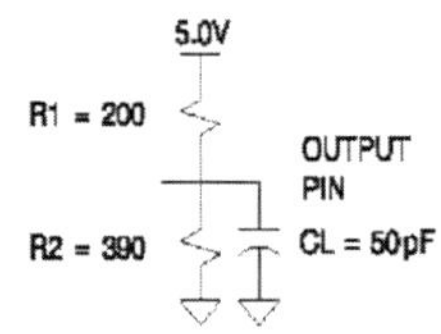

Pin Capacitance

f = 1 MHz, T = 25°C[1]

	Typ	Max	Units	Conditions
C_{IN}	5	8	pF	V_{IN} = 0 V
C_{OUT}	6	8	pF	V_{OUT} = 0 V

Note: 1. Typical values for nominal supply voltage. This parameter is only sampled and is not 100% tested.

Power Up Reset

The registers in the ATF16V8Bs are designed to reset during power up. At a point delayed slightly from V_{CC} crossing V_{RST}, all registers will be reset to the low state. As a result, the registered output state will always be high on power-up.

This feature is critical for state machine initialization. However, due to the asynchronous nature of reset and the uncertainty of how V_{CC} actually rises in the system, the following conditions are required:

1) The V_{CC} rise must be monotonic,
2) After reset occurs, all input and feedback setup times must be met before driving the clock pin high, and
3) The clock must remain stable during t_{PR}.

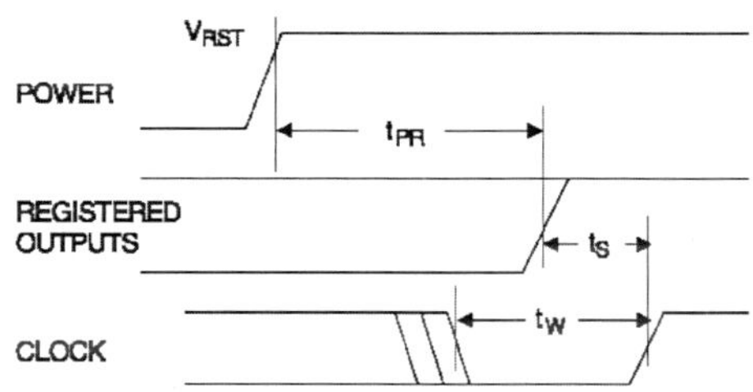

Parameter	Description	Typ	Max	Units
t_{PR}	Power-Up Reset Time	600	1,000	ns
V_{RST}	Power-Up Reset Voltage	3.8	4.5	V

Preload of Registered Outputs

The ATF16V8B's registers are provided with circuitry to allow loading of each register with either a high or a low. This feature will simplify testing since any state can be forced into the registers to control test sequencing. A JEDEC file with preload is generated when a source file with vectors is compiled. Once downloaded, the JEDEC file preload sequence will be done automatically by most of the approved programmers after the programming.

Security Fuse Usage

A single fuse is provided to prevent unauthorized copying of the ATF16V8B fuse patterns. Once programmed, fuse verify and preload are inhibited. However, the 64 bit User Signature remains accessible.

The security fuse should be programmed last, as its effect is immediate.

Electronic Signature Word

There are 64 bits of programmable memory that are always available to the user, even if the device is secured. These bits can be used for user-specific data.

Programming/Erasing

Programming/erasing is performed using standard PLD programmers. See *CMOS PLD Programming Hardware and Software Support* for information on software/programming.

Input and I/O Pull-Ups

All ATF16V8B family members have internal input and I/O pull-up resistors. Therefore, whenever inputs or I/Os are not being driven externally, they will float to V_{CC}. This ensures that all logic array inputs are at known states. These are relatively weak active pull-ups that can easily be overdriven by TTL-compatible drivers (see input and I/O diagrams below).

Input Diagram

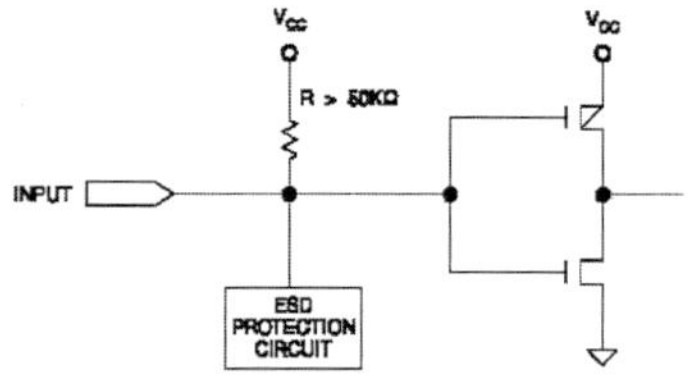

I/O Diagram

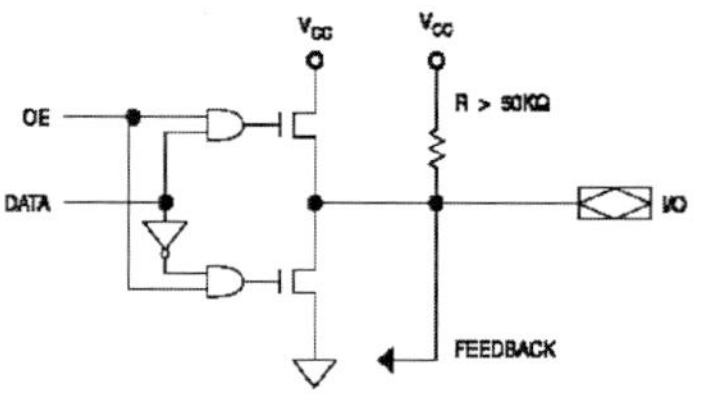

Functional Logic Diagram Description

The Logic Option and Functional Diagrams describe the ATF16V8B architecture. Eight configurable macrocells can be configured as a registered output, combinatorial I/O, combinatorial output, or dedicated input.

The ATF16V8B can be configured in one of three different modes. Each mode makes the ATF16V8B look like a different device. Most PLD compilers can choose the right mode automatically. The user can also force the selection by supplying the compiler with a mode selection. The determining factors would be the usage of register versus combinatorial outputs and dedicated outputs versus outputs with output enable control.

The ATF16V8B universal architecture can be programmed to emulate many 20-pin PAL devices. These architectural subsets can be found in each of the configuration modes described in the following pages. The user can download the listed subset device JEDEC programming file to the PLD programmer, and the ATF16V8B can be configured to act like the chosen device. Check with your programmer manufacturer for this capability.

Unused product terms are automatically disabled by the compiler to decrease power consumption. A Security Fuse, when programmed, protects the content of the ATF16V8B. Eight bytes (64 fuses) of User Signature are accessible to the user for purposes such as storing project name, part number, revision, or date. The User Signature is accessible regardless of the state of the Security Fuse.

Compiler Mode Selection

	Registered	Complex	Simple	Auto Select
ABEL, Atmel-ABEL	P16V8R	P16V8C	P16V8AS	P16V8
CUPL	G16V8MS	G16V8MA	G16V8AS	G16V8
LOG/iC	GAL16V8_R[1]	GAL16V8_C7[1]	GAL16V8_C8[1]	GAL16V8
OrCAD-PLD	"Registered"	"Complex"	"Simple"	GAL16V8A
PLDesigner	P16V8R	P16V8C	P16V8C	P16V8A
Tango-PLD	G16V8R	G16V8C	G16V8AS	G16V8

Note: 1. Only applicable for version 3.4 or lower.

Macrocell Configuration

Software compilers support the three different OMC modes as different device types. Most compilers have the ability to automatically select the device type, generally based on the register usage and output enable (OE) usage. Register usage on the device forces the software to choose the registered mode. All combinatorial outputs with OE controlled by the product term will force the software to choose the complex mode. The software will choose the simple mode only when all outputs are dedicated combinatorial without OE control. The different device types can be used to override the automatic device selection by the software. For further details, refer to the compiler software manuals.

When using compiler software to configure the device, the user must pay special attention to the following restrictions in each mode.

In **registered mode** pin 1 and pin 11 are permanently configured as clock and output enable, respectively. These pins cannot be configured as dedicated inputs in the registered mode.

In **complex mode** pin 1 and pin 11 become dedicated inputs and use the feedback paths of pin 19 and pin 12 respectively. Because of this feedback path usage, pin 19 and pin 12 do not have the feedback option in this mode.

In **simple mode** all feedback paths of the output pins are routed via the adjacent pins. In doing so, the two inner most pins (pins 15 and 16) will not have the feedback option as these pins are always configured as dedicated combinatorial output.

ATF16V8B Registered Mode

PAL Device Emulation / PAL Replacement

The registered mode is used if one or more registers are required. Each macrocell can be configured as either a registered or combinatorial output or I/O, or as an input. For a registered output or I/O, the output is enabled by the $\overline{OE}$ pin, and the register is clocked by the CLK pin. Eight product terms are allocated to the sum term. For a combinatorial output or I/O, the output enable is controlled by a product term, and seven product terms are allocated to the sum term. When the macrocell is configured as an input, the output enable is permanently disabled.

Any register usage will make the compiler select this mode. The following registered devices can be emulated using this mode:

16R8 16RP8

16R6 16RP6

16R4 16RP4

Registered Configuration for Registered Mode(1)(2)

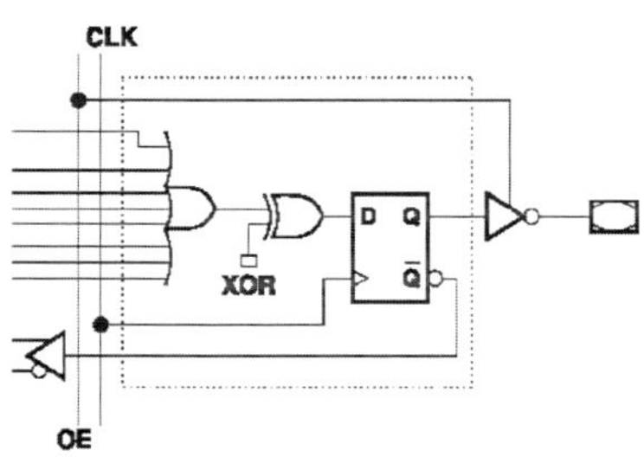

Notes: 1. Pin 1 cotrols common CLK for the registered outputs. Pin 11 controls common $\overline{OE}$ for the registered outputs. Pin 1 and Pin 11 are permanently configured as CLK and $\overline{OE}$.

2. The development software configures all the architecture control bits and checks for proper pin usage automatically.

Combinatorial Configuration for Registered Mode(1)(2)

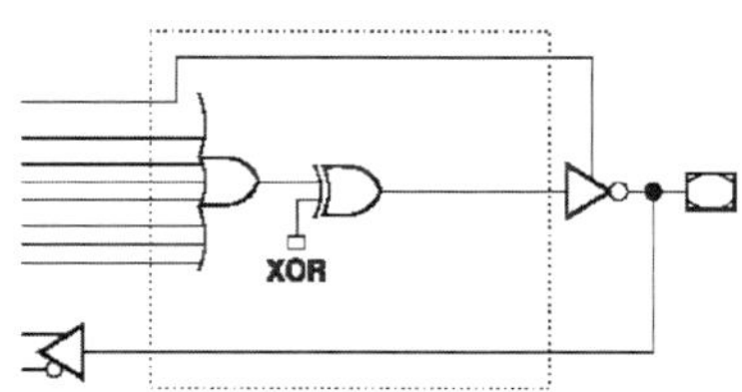

Notes: 1. Pin 1 and Pin 11 are permanently configured as CLK and $\overline{OE}$

2. The development software configures all the architecture control bits and checks for proper pin usage automatically.

Registered Mode Logic Diagram

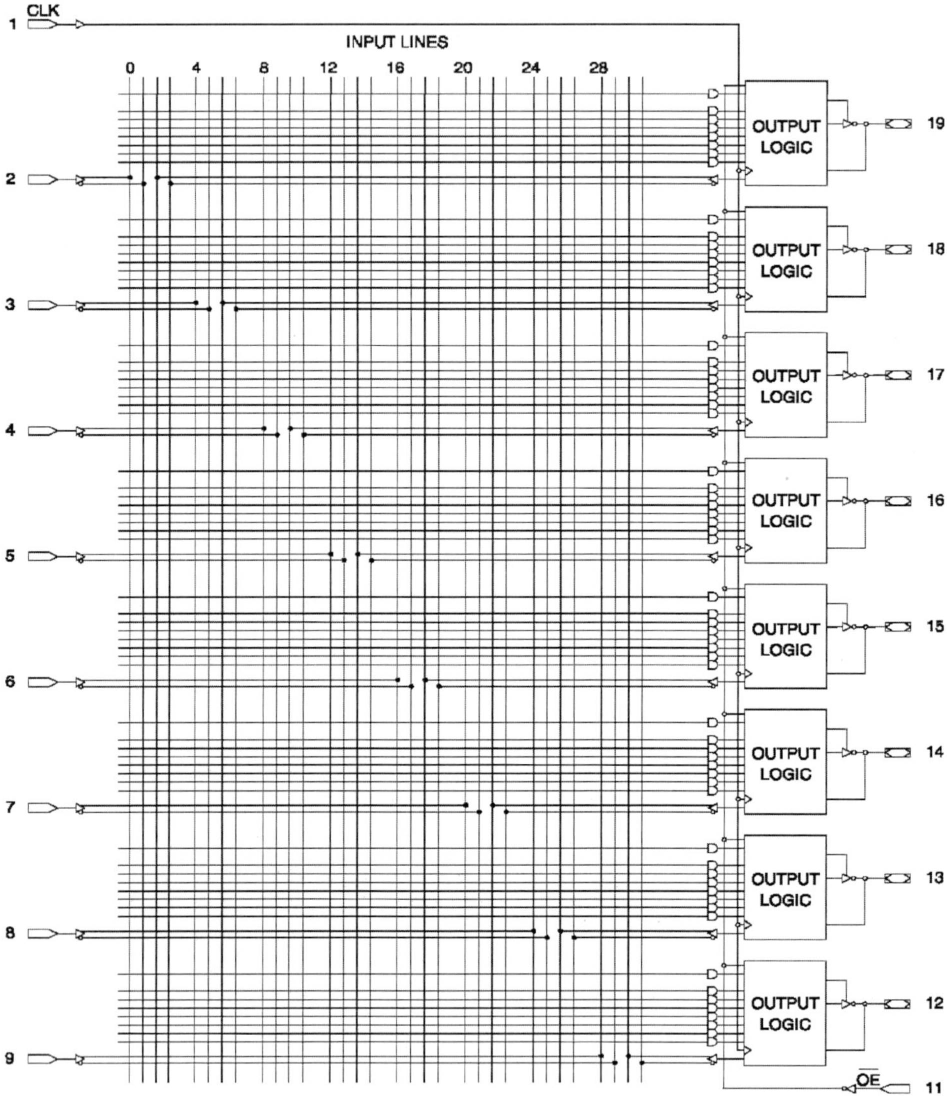

ATF16V8B Complex Mode

PAL Device Emulation/PAL Replacement

In the Complex Mode, combinatorial output and I/O functions are possible. Pins 1 and 11 are regular inputs to the array. Pins 13 through 18 have pin feedback paths back to the AND-array, which makes full I/O capability possible. Pins 12 and 19 (outermost macrocells) are outputs only. They do not have input capability. In this mode, each macrocell has seven product terms going to the sum term and one product term enabling the output.

Combinatorial applications with an OE requirement will make the compiler select this mode. The following devices can be emulated using this mode:

16L8

16H8

16P8

Complex Mode Option

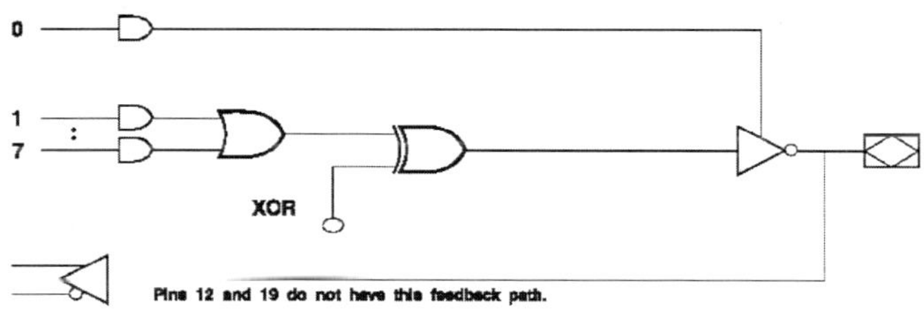

ATF16V8B Simple Mode

PAL Device Emulation / PAL Replacement

In the Simple Mode, 8 product terms are allocated to the sum term. Pins 15 and 16 (center macrocells) are permanently configured as combinatorial outputs. Other macrocells can be either inputs or combinatorial outputs with pin feedback to the AND-array. Pins 1 and 11 are regular inputs.

The compiler selects this mode when all outputs are combinatorial without OE control. The following simple PALs can be emulated using this mode:

10L8	10H8	10P8
12L6	12H6	12P6
14L4	14H4	14P4
16L2	16H2	16P2

Simple Mode Option

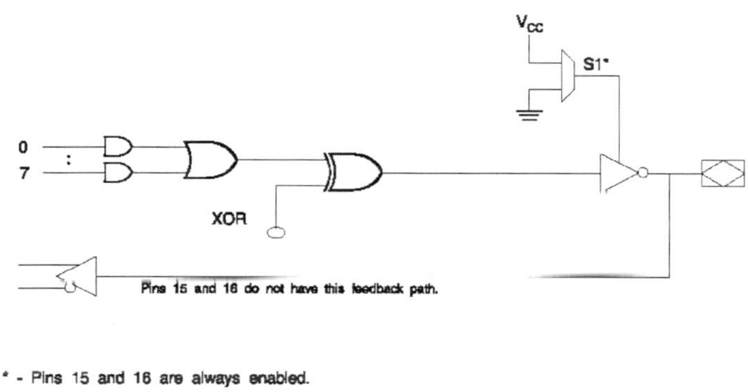

* - Pins 15 and 16 are always enabled.

Complex Mode Logic Diagram

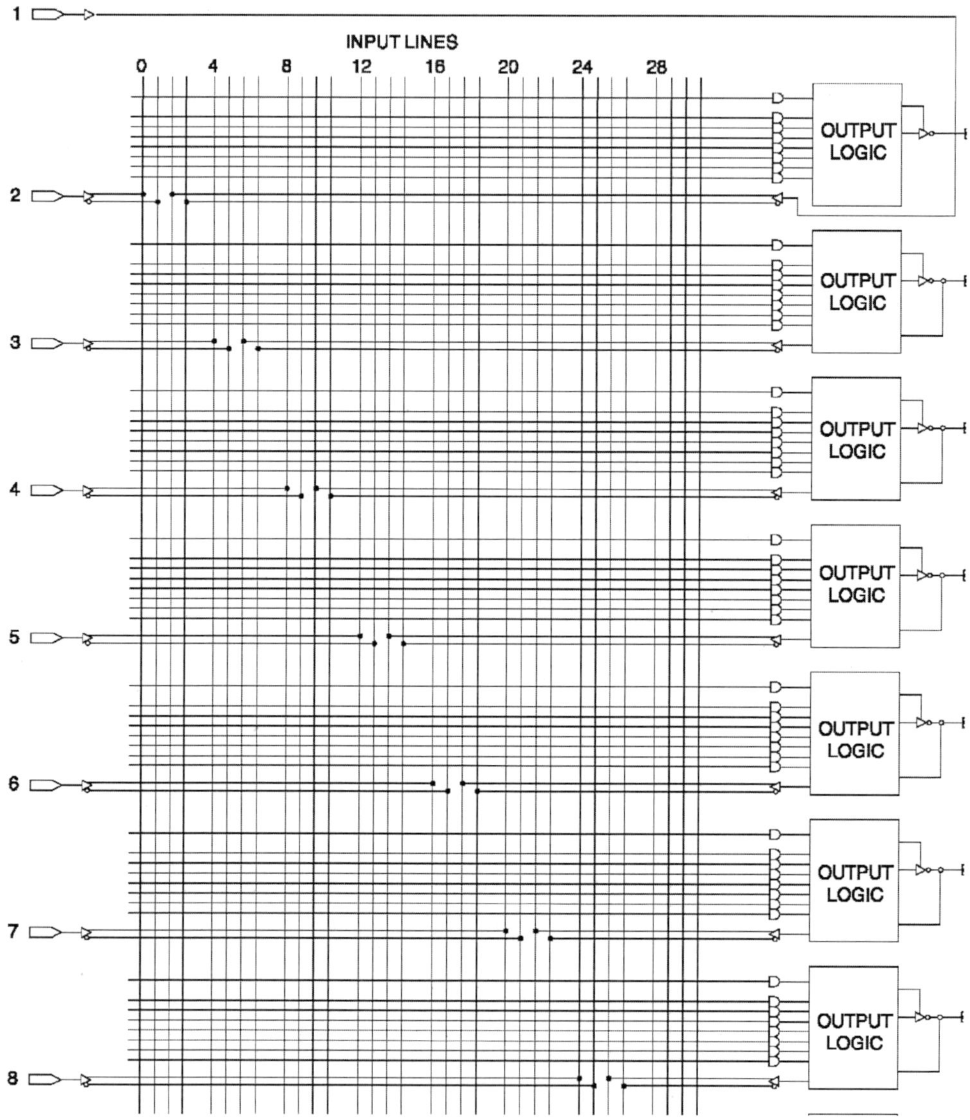

ATF16V8B

Simple Mode Logic Diagram

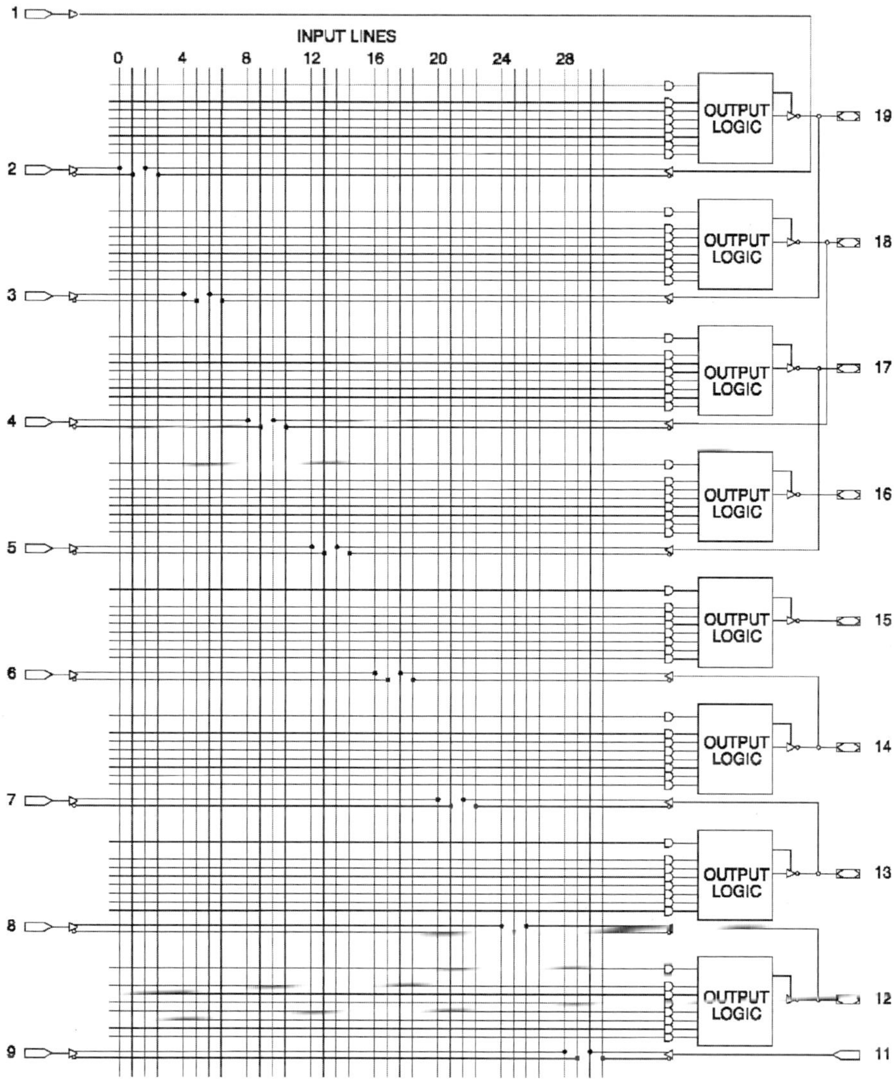

SUPPLY CURRENT vs. INPUT FREQUENCY

ATF16V8B/BQ (VCC = 5V, TA = 25C)

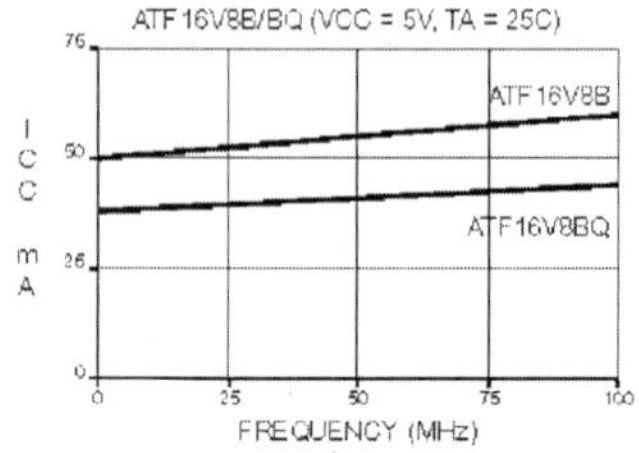

SUPPLY CURRENT vs. INPUT FREQUENCY

ATF16V8BL/BQL (VCC = 5V, TA = 25C)

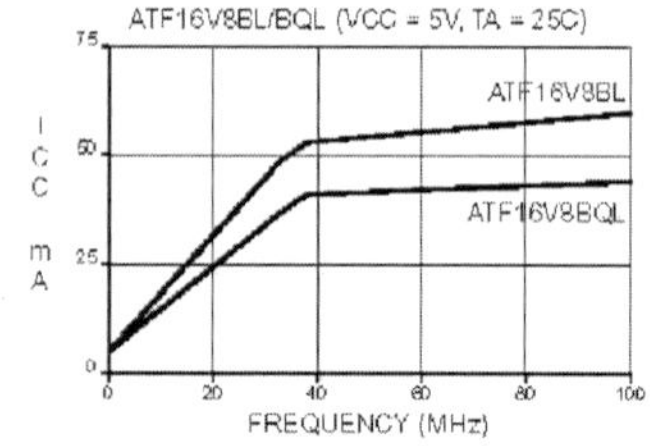

SUPPLY CURRENT vs. SUPPLY VOLTAGE

ATF16V8B/BQ (TA = 25C)

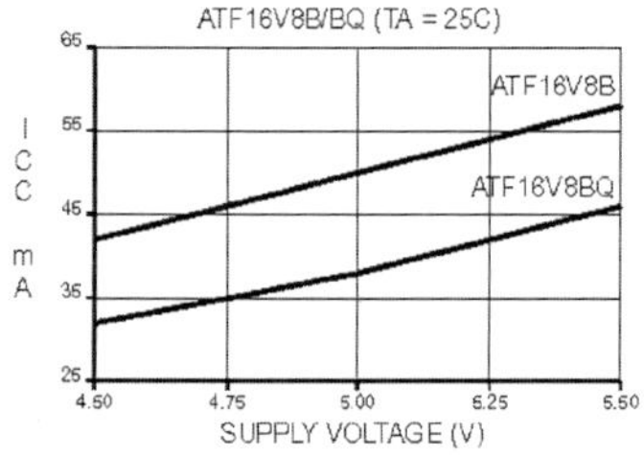

SUPPLY CURRENT vs. SUPPLY VOLTAGE

ATF16V8BL/BQL (TA = 25C)

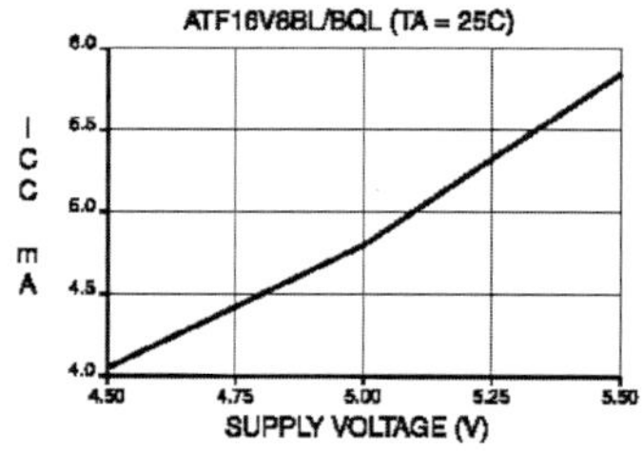

SUPPLY CURRENT vs. AMBIENT TEMPERATURE

ATF16V8B/BQ (VCC = 5V)

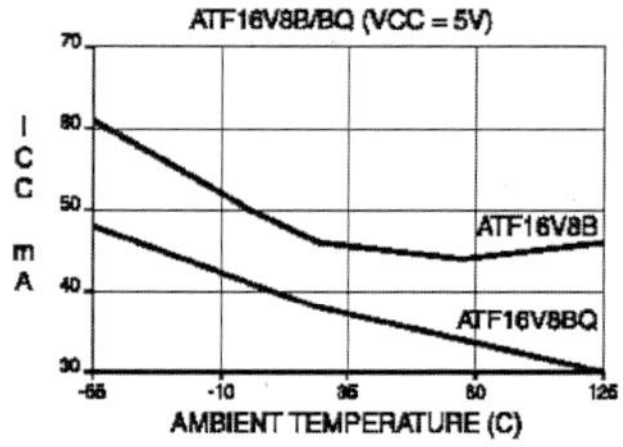

SUPPLY CURRENT vs. AMBIENT TEMPERATURE

ATF16V8BL/BQL (VCC = 5V)

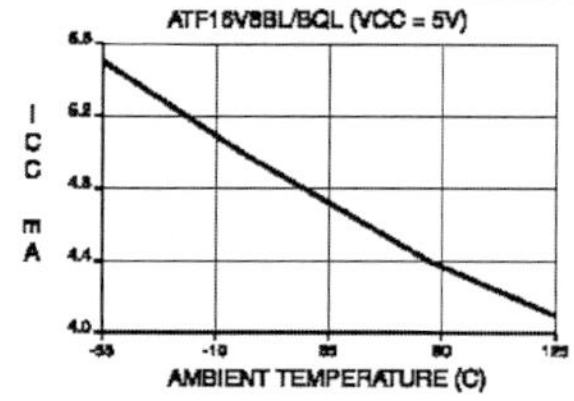

OUTPUT SOURCE CURRENT

vs. SUPPLY VOLTAGE (TA = 25C)

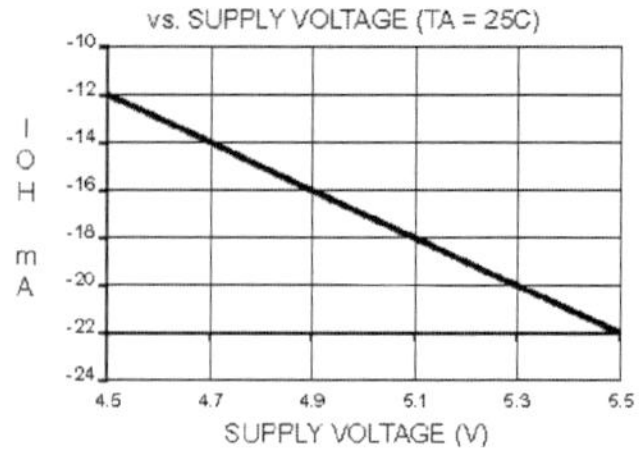

OUTPUT SINK CURRENT

vs. SUPPLY VOLTAGE (TA = 25C)

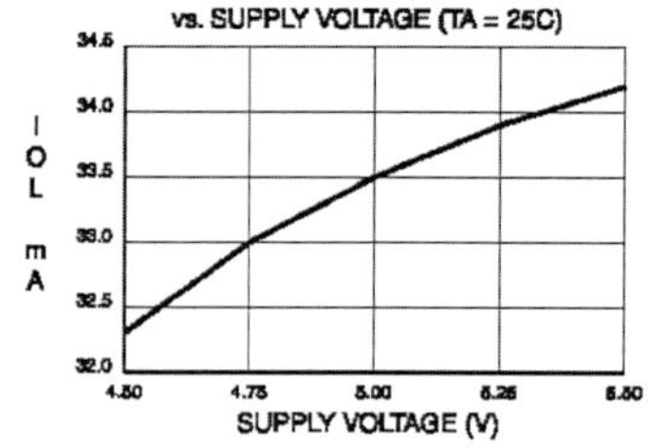

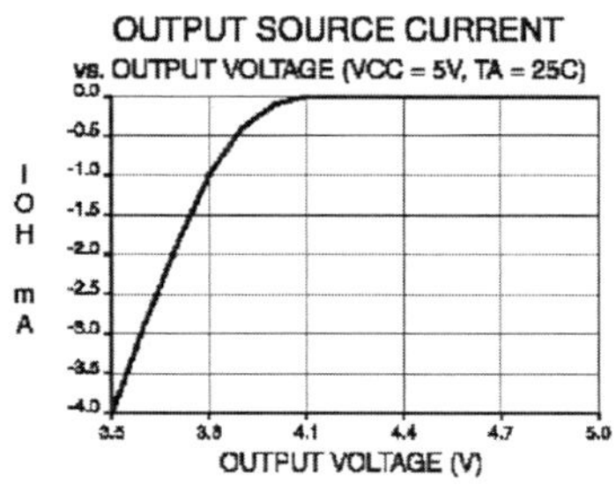
OUTPUT SOURCE CURRENT
vs. OUTPUT VOLTAGE (VCC = 5V, TA = 25C)
IOH mA
OUTPUT VOLTAGE (V)

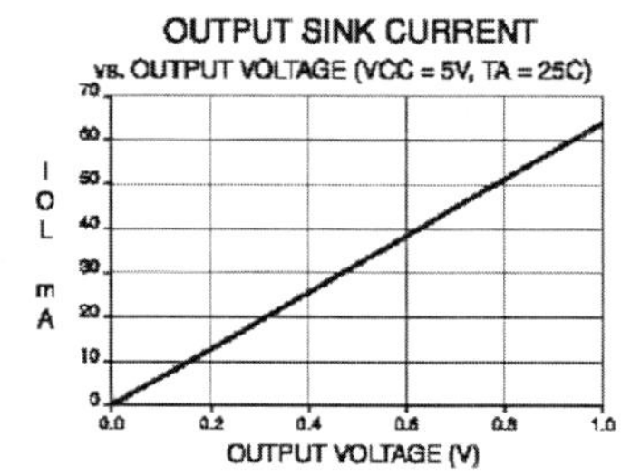
OUTPUT SINK CURRENT
vs. OUTPUT VOLTAGE (VCC = 5V, TA = 25C)
IOL mA
OUTPUT VOLTAGE (V)

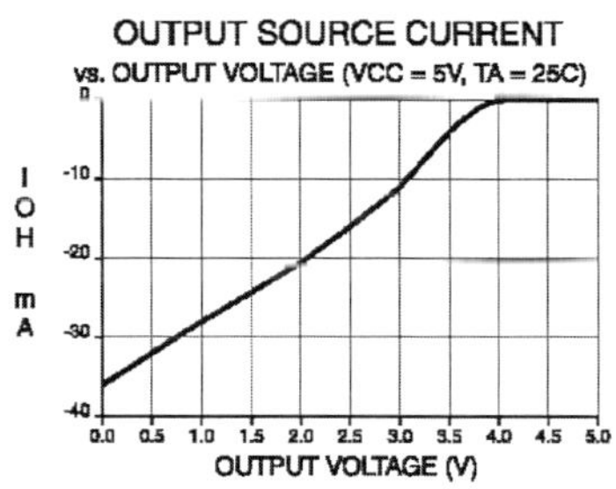
OUTPUT SOURCE CURRENT
vs. OUTPUT VOLTAGE (VCC = 5V, TA = 25C)
IOH mA
OUTPUT VOLTAGE (V)

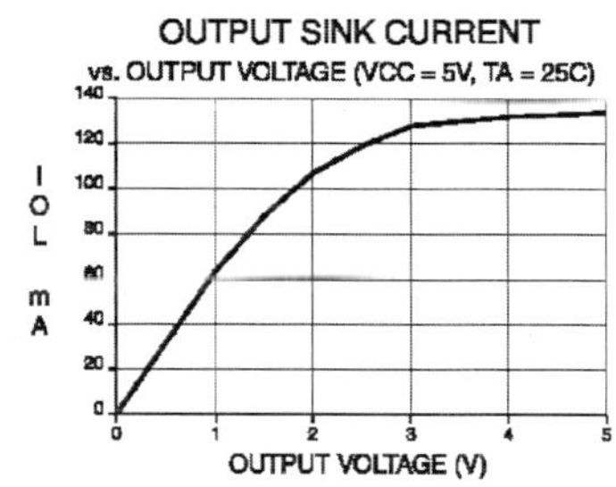
OUTPUT SINK CURRENT
vs. OUTPUT VOLTAGE (VCC = 5V, TA = 25C)
IOL mA
OUTPUT VOLTAGE (V)

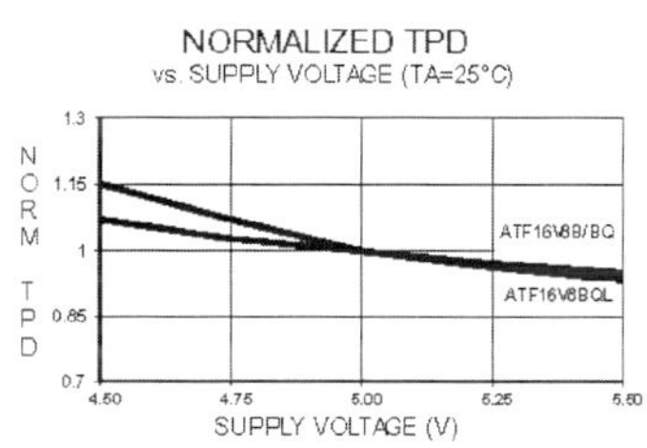
NORMALIZED TPD
vs. SUPPLY VOLTAGE (TA=25°C)
NORM TPD
ATF16V8B/BQ
ATF16V8BQL
SUPPLY VOLTAGE (V)

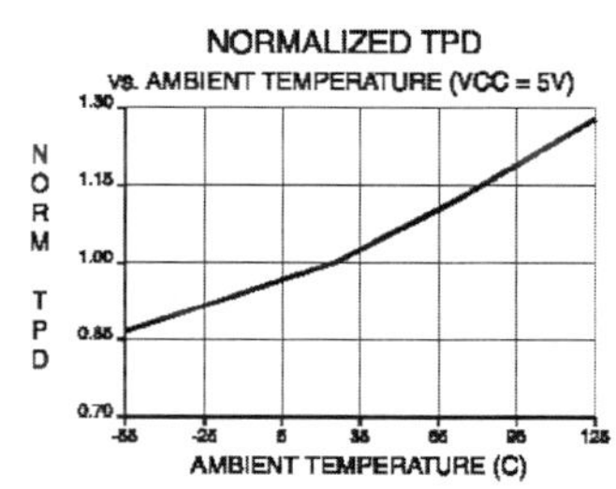
NORMALIZED TPD
vs. AMBIENT TEMPERATURE (VCC = 5V)
NORM TPD
AMBIENT TEMPERATURE (C)

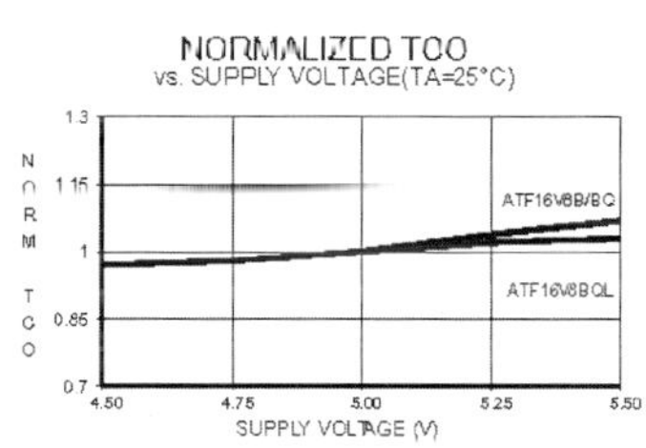
NORMALIZED TCO
vs. SUPPLY VOLTAGE(TA=25°C)
NORM TCO
ATF16V8B/BQ
ATF16V8BQL
SUPPLY VOLTAGE (V)

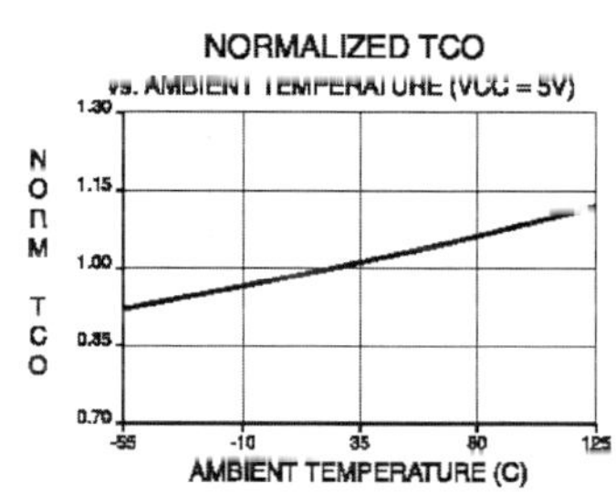
NORMALIZED TCO
vs. AMBIENT TEMPERATURE (VCC = 5V)
NORM TCO
AMBIENT TEMPERATURE (C)

NORMALIZED TS
vs. SUPPLY VOLTAGE (TA = 25C)

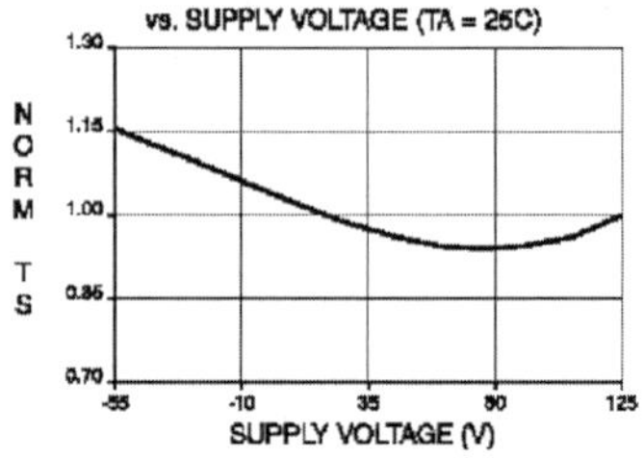

NORMALIZED TS
vs. AMBIENT TEMPERATURE (VCC = 5V)

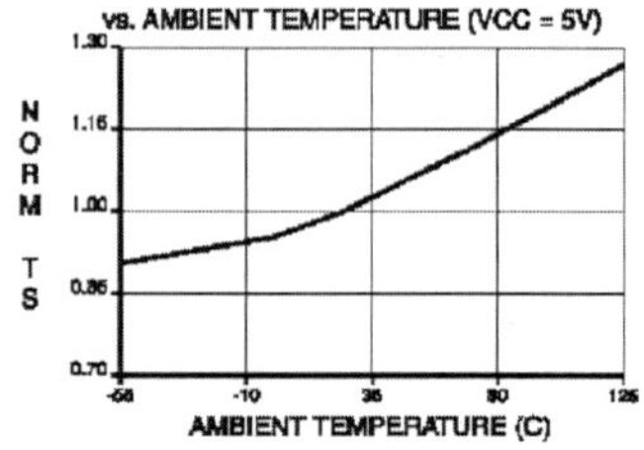

DELTA TPD vs. OUTPUT LOADING
(VCC = 5V, TA = 25C)

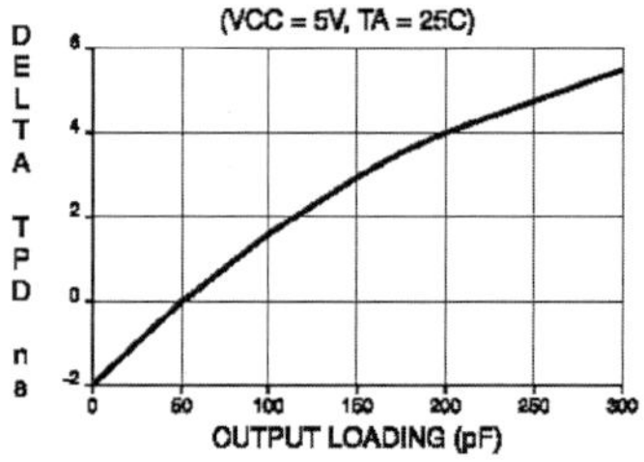

DELTA TCO vs. OUTPUT LOADING
(VCC = 5V, TA = 25C)

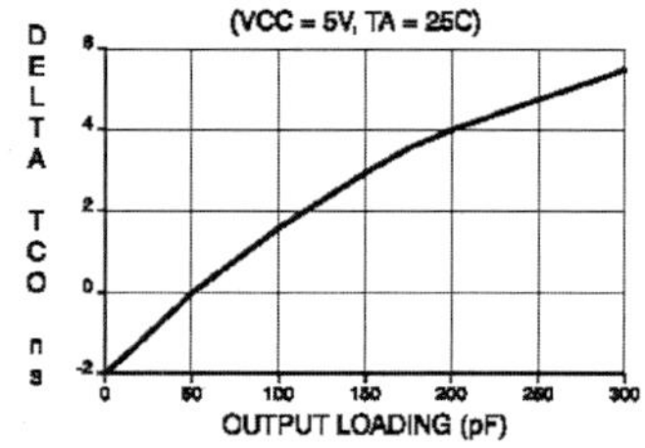

DELTA TPD vs. # OUTPUT SWITCHING
(VCC = 5V, TA = 25C)

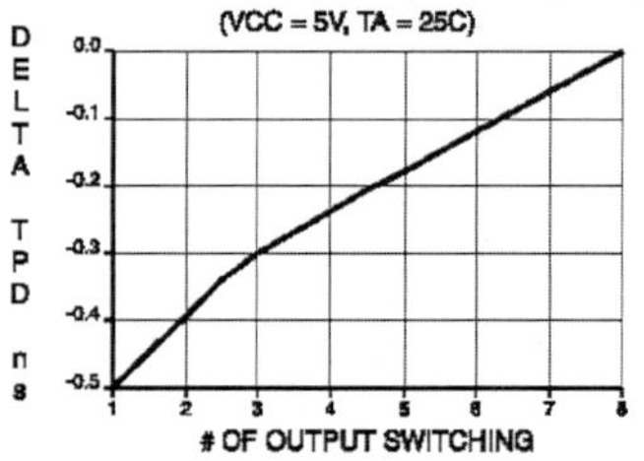

DELTA TCO vs. # OUTPUT SWITCHING
(VCC = 5V, TA = 25C)

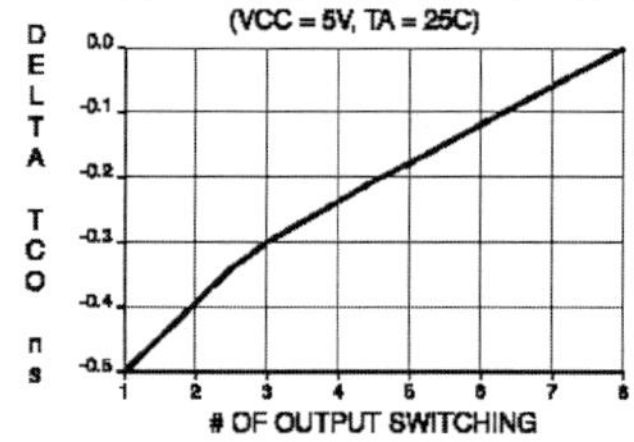

INPUT CURRENT vs. INPUT VOLTAGE
(VCC = 5V, TA = 25C)

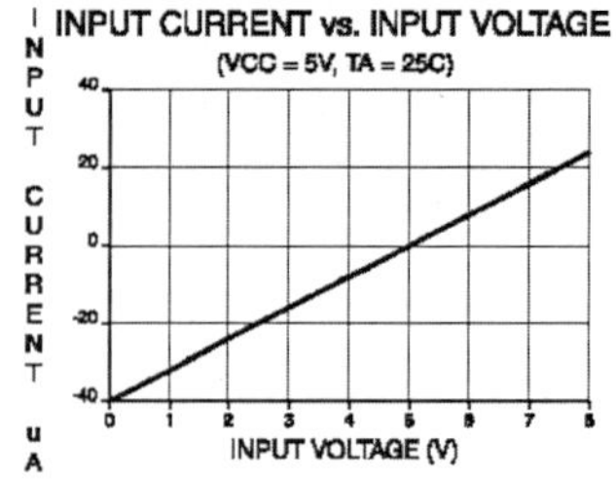

INPUT CLAMP CURRENT
vs. INPUT VOLTAGE (VCC = 5V, TA = 25C)

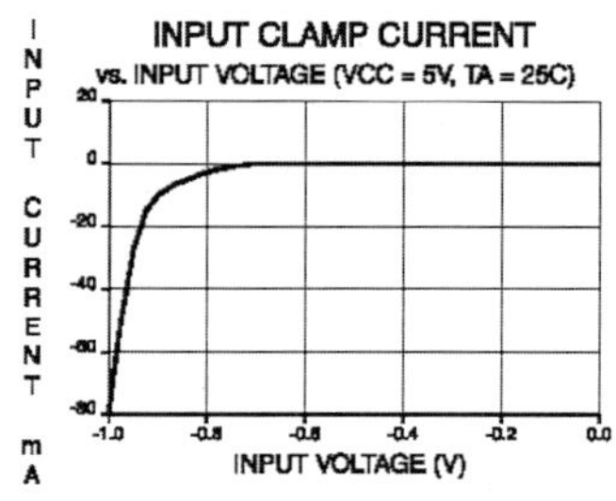

ATF16V8B

Ordering Information

t_{PD} (ns)	t_S (ns)	t_{CO} (ns)	Ordering Code	Package	Operation Range
7.5	5	5	ATF16V8B-7JC[1] ATF16V8B-7PC[1] ATF16V8B-7SC[1] ATF16V8B-7XC[1]	20J 20P3 20S 20X	Commercial (0°C to 70°C)
10	7.5	7	ATF16V8B-10JC ATF16V8B-10PC ATF16V8B-10SC ATF16V8B-10XC	20J 20P3 20S 20X	Commercial (0°C to 70°C)
			ATF16V8B-10JI ATF16V8B-10PI ATF16V8B-10SI ATF16V8B-10XI	20J 20P3 20S 20X	Industrial (-40°C to 85°C)
15	12	10	ATF16V8B-15JC ATF16V8B-15PC ATF16V8B-15SC ATF16V8B-15XC	20J 20P3 20S 20X	Commercial (0°C to 70°C)
			ATF16V8B-15JI ATF16V8B-15PI ATF16V8B-15SI ATF16V8B-15XI	20J 20P3 20S 20X	Industrial (-40°C to 85°C)
25	15	12	ATF16V8B-25JC ATF16V8B-25PC ATF16V8B-25SC ATF16V8B-25XC	20J 20P3 20S 20X	Commercial (0°C to 70°C)
			ATF16V8B-25JI ATF16V8B-25PI ATF16V8B-25SI ATF16V8B-25XI	20J 20P3 20S 20X	Industrial (-40°C to 85°C)

Note: 1. Recommend ATF16V8C-7.

Ordering Information

t_{PD} (ns)	t_S (ns)	t_{CO} (ns)	Ordering Code	Package	Operation Range
10	7.5	7	ATF16V8BQ-10JC ATF16V8BQ-10PC ATF16V8BQ-10SC ATF16V8BQ-10XC	20J 20P3 20S 20X	Commercial (0°C to 70°C)
15	12	10	ATF16V8BQL-15JC ATF16V8BQL-15PC ATF16V8BQL-15SC ATF16V8BQL-15XC	20J 20P3 20S 20X	Commercial (0°C to 70°C)
25	15	12	ATF16V8BQL-25JC ATF16V8BQL-25PC ATF16V8BQL-25SC ATF16V8BQL-25XC	20J 20P3 20S 20X	Commercial (0°C to 70°C)
			ATF16V8BQL-25JI ATF16V8BQL-25PI ATF16V8BQL-25SI ATF16V8BQL-25XI	20J 20P3 20S 20X	Industrial (-40°C to 85°C)

Package Type	
20J	20-Lead, Plastic J-Leaded Chip Carrier (PLCC)
20P3	20-Lead, 0.300" Wide, Plastic Dual Inline Package (PDIP)
20S	20-Lead, 0.300" Wide, Plastic Gull Wing Small Outline (SOIC)
20X	20-Lead, 4.4 mm Wide, Plastic Thin Shrink Small Outline (TSSOP)

Packaging Information

20J, 20-Lead, Plastic J-Leaded Chip Carrier (PLCC)
Dimensions in Inches and (Millimeters)
JEDEC STANDARD MS-018 AA

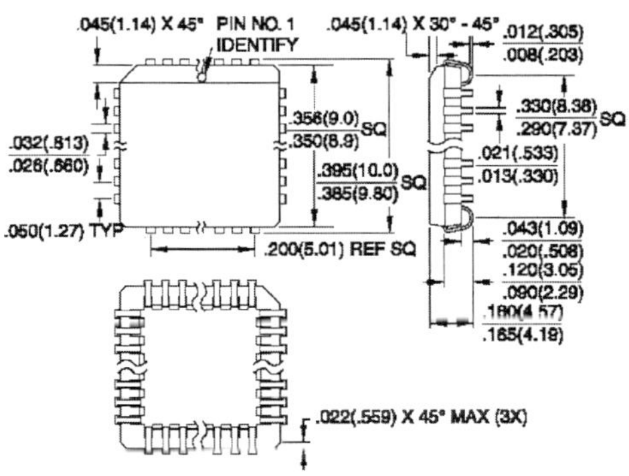

20P3, 20-Lead, 0.300" Wide, Plastic Dual Inline Package (PDIP)
Dimensions in Inches and (Millimeters)
JEDEC STANDARD MS-001 AD

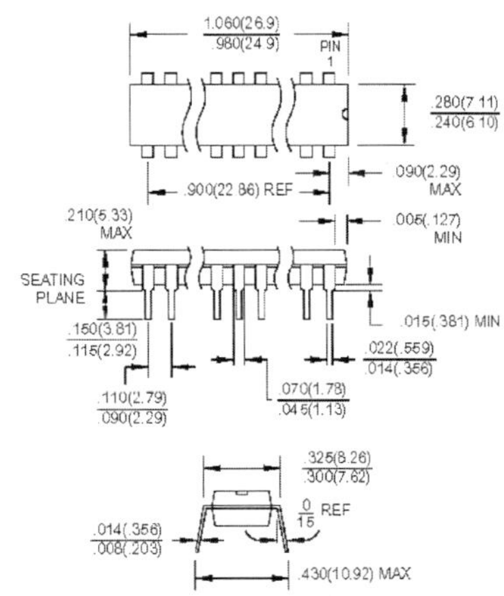

20S, 20-Lead, 0.300" Wide, Plastic Gull Wing Small Outline (SOIC)
Dimensions in Inches and (Millimeters)

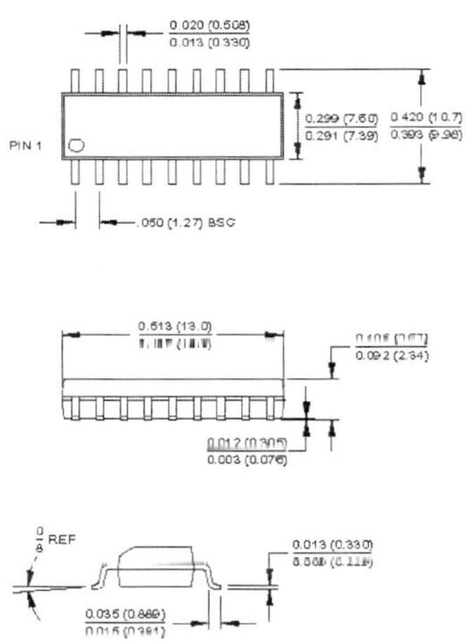

20X, 20-Lead, 4.4 mm Wide, Plastic Thin Shrink Small Outline (TSSOP)
Dimensions in Millimeters and (Inches)

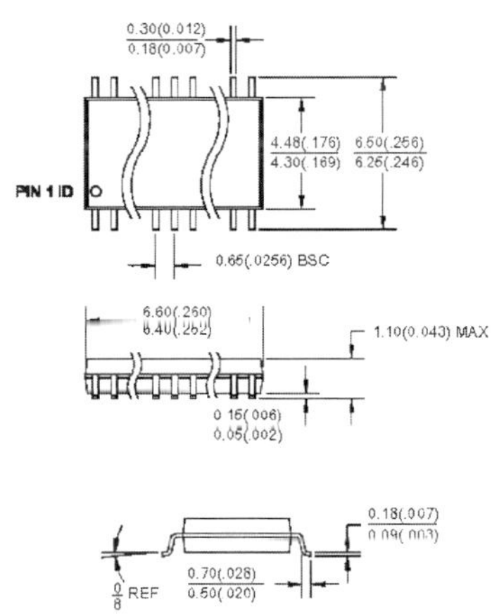

High-Performance EE PLD

ATF22V10B

Features

- Industry Standard Architecture
  - Low Cost Easy-to-Use Software Tools
- High-Speed, Electrically-Erasable Programmable Logic Devices
  - 7.5 ns Maximum Pin-to-Pin Delay
- Several Power Saving Options

Device	I_{CC}, Stand-By	I_{CC}, Active
ATF22V10B	85 mA	90 mA
ATF22V10BQ	35 mA	40 mA
ATF22V10BQL	5 mA	20 mA

- CMOS and TTL Compatible Inputs and Outputs
  - Input and I/O Pull-Up Resistors
- Advanced Flash Technology
  - Reprogrammable
  - 100% Tested
- High Reliability CMOS Process
  - 20 Year Data Retention
  - 100 Erase/Write Cycles
  - 2,000V ESD Protection
  - 200 mA Latchup Immunity
- Full Military, Commercial, and Industrial Temperature Ranges
- Dual-in-Line and Surface Mount Packages in Standard Pinouts

Logic Diagram

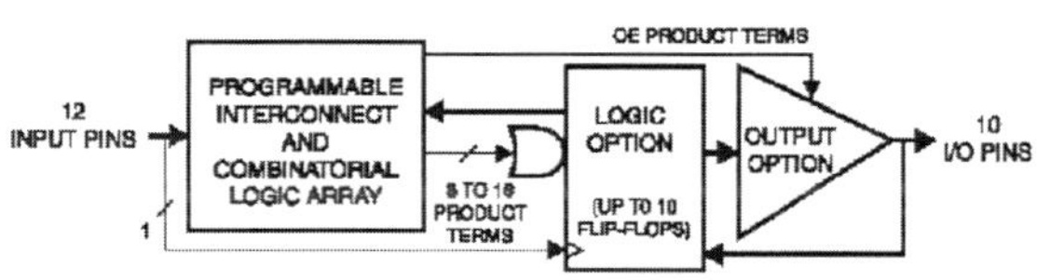

Pin Configurations

Pin Name	Function
CLK	Clock
IN	Logic Inputs
I/O	Bidirectional Buffers
*	No Internal Connection
V_{CC}	+5V Supply

TSSOP Top View

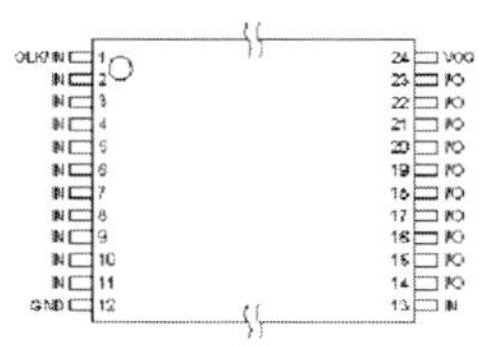

DIP/SOIC

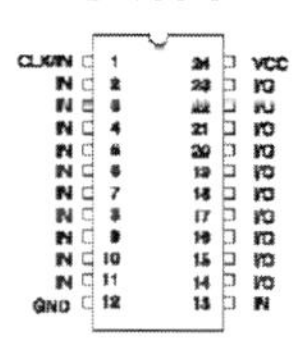

LCC/PLCC

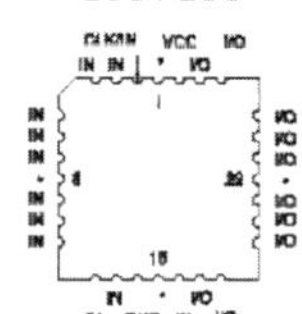

Top View

Rev. 0250F–05/98

Description

The ATF22V10B is a high performance CMOS (Electrically Erasable) Programmable Logic Device (PLD) which utilizes Atmel's proven electrically erasable Flash memory technology. Speeds down to 7.5 ns and power dissipation as low as 10 mA are offered. All speed ranges are specified over the full 5V ± 10% range for military and industrial temperature ranges, and 5V ± 5% for commercial temperature ranges.

Several low power options allow selection of the best solution for various types of power-limited applications. Each of these options significantly reduces total system power and enhances system reliability.

Absolute Maximum Ratings*

Temperature Under Bias	-55°C to +125°C
Storage Temperature	-65°C to +150°C
Voltage on Any Pin with Respect to Ground	-2.0V to +7.0V(1)
Voltage on Input Pins with Respect to Ground During Programming	-2.0V to +14.0V(1)
Programming Voltage with Respect to Ground	-2.0V to +14.0V(1)

*NOTICE: Stresses beyond those listed under "Absolute Maximum Ratings" may cause permanent damage to the device. This is a stress rating only and functional operation of the device at these or any other conditions beyond those indicated in the operational sections of this specification is not implied. Exposure to absolute maximum rating conditions for extended periods may affect device reliability.

Note: 1. Minimum voltage is -0.6V DC, which may undershoot to -2.0V for pulses of less than 20 ns. Maximum output pin voltage is V_{CC} + 0.75V DC, which may overshoot to 7.0V for pulses of less than 20 ns.

DC and AC Operating Conditions

	Commercial	Industrial	Military
Operating Temperature (Case)	0°C - 70°C	-40°C - 85°C	-55°C - 125°C
V_{CC} Power Supply	5V ± 5%	5V ± 10%	5V ± 10%

DC Characteristics

Symbol	Parameter	Condition			Min	Typ	Max	Units
I_{IL}	Input or I/O Low Leakage Current	$0 \le V_{IN} \le V_{IL}$ (MAX)				-35	-100	µA
I_{IH}	Input or I/O High Leakage Current	$3.5 \le V_{IN} \le V_{CC}$					10	µA
I_{CC}	Power Supply Current, Standby	V_{CC} = MAX, V_{IN} = MAX, Outputs Open	B-7, -10	Com.		85	120	mA
				Ind., Mil.		85	140	mA
			B-15, -25	Com.		65	90	mA
				Ind., Mil.		65	115	mA
			BQ-15	Com.		35	55	mA
			BQL 20, 25	Com.		5	10	mA
				Ind., Mil.		5	15	mA
I_{CC2}	Clocked Power Supply Current	V_{CC} = MAX, Outputs Open, f = 15 MHz	B-7, -10	Com.		90	120	mA
				Ind., Mil.		90	145	mA
			B-15, -25	Com.		65	90	mA
				Ind., Mil.		65	120	mA
			BQ-15	Com.		40	60	mA
			BQL-20, -25	Com.		20	50	mA
				Ind., Mil.		20	70	mA
I_{OS}[1]	Output Short Circuit Current	V_{OUT} = 0.5V					-130	mA
V_{IL}	Input Low Voltage				-0.5		0.8	V
V_{IH}	Input High Voltage				2.0		V_{CC} + 0.75	V
V_{OL}	Output Low Voltage	$V_{IN} = V_{IH}$ or V_{IL}, V_{CC} = MIN	I_{OL} = 16 mA	Com., Ind.			0.5	V
			I_{OL} = 12 mA	Mil.			0.5	V
V_{OH}	Output High Voltage	$V_{IN} = V_{IH}$ or V_{IL}, V_{CC} = MIN	I_{OH} = -4.0 mA		2.4			V

Notes: 1. Not more than one output at a time should be shorted. Duration of short circuit test should not exceed 30 sec.

AC Waveforms[1]

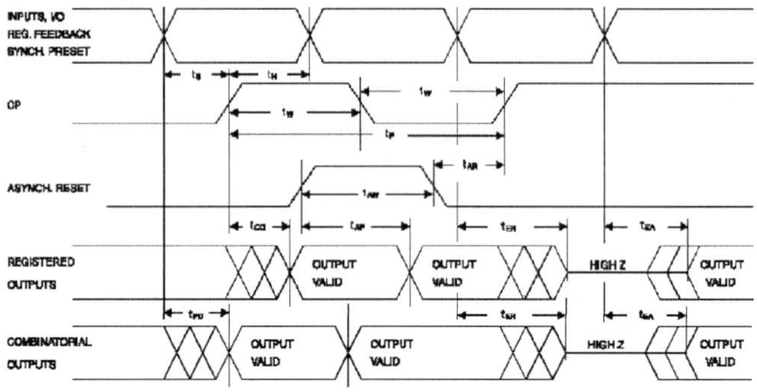

Note: 1. Timing measurement reference is 1.5V. Input AC driving levels are 0.0V and 3.0V, unless otherwise specified.

AC Characteristics[1]

Symbol	Parameter	-7		-10		-15		-20		-25		Units
		Min	Max	Min	Max	Min	Max	Min	Max	Min	Max	
t_{PD}	Input or Feedback to Combinatorial Output	3	7.5	3	10	3	15	3	20	3	25	ns
t_{CO}	Clock to Output	2	4.5[2]	2	6.5	2	8	2	12	2	15	ns
t_{CF}	Clock to Feedback		2.5		2.5		2.5		8		13	ns
t_S	Input or Feedback Setup Time	3.5		4.5		10			14	15		ns
t_H	Hold Time	0		0		0		0		0		ns
F_{MAX}	External Feedback $1/(t_S + t_{CO})$	125[3]		90		55.5		38.5		33.3		MHz
	Internal Feedback $1/(t_S + t_{CF})$	166		142		69		45.5		40		MHz
	No Feedback $1/(t_{WH} + t_{WL})$	166		142		83.3				38.5		MHz
t_W	Clock Width (t_{WL} and t_{WH})	3		3.5		6		10		13		ns
t_{EA}	Input or I/O to Output Enable	3	7.5	3	10	3	15	3	20	3	25	ns
t_{ER}	Input or I/O to Output Disable	3	7.5	3	9	3	15	3	20	3	25	ns
t_{AP}	Input or I/O to Asynchronous Reset of Register	3	10	3	12	3	20	3	22	3	25	ns
t_{AW}	Asynchronous Reset Width	7		8		15		20		25		ns
t_{AR}	Asynchronous Reset Recovery Time	5		6		10		20		25		ns
t_{SP}	Setup Time, Synchronous Preset	4.5		6		10		14		15		ns
t_{SPR}	Synchronous Preset to Clock Recovery Time	5		8		10		14		15		ns

Notes: 1. See ordering information for valid part numbers.
2. 5.5 ns for DIP package devices.
3. 111 MHz for DIP package devices.

Input Test Waveforms and Measurement Levels

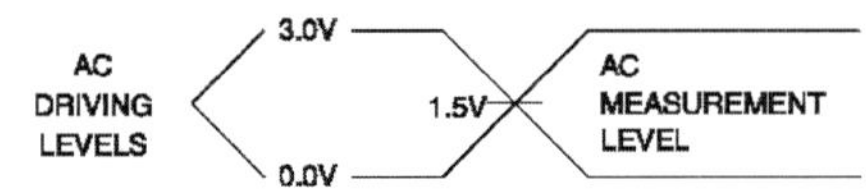

t_R, t_F < 3 ns

Outout Test Loads

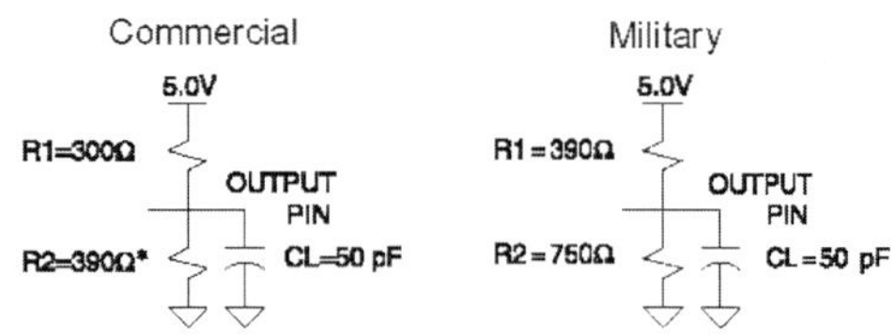

* All except -7 which is R2 = 300Ω

Pin Capacitance

f = 1 MHz, T = 25°C(1)

	Typ	Max	Units	Conditions
C_{IN}	5	8	pF	V_{IN} = 0V
C_{OUT}	6	8	pF	V_{OUT} = 0V

Note: 1. Typical values for nominal supply voltage. This parameter is only sampled and is not 100% tested.

Power Up Reset

The registers in the ATF22V10Bs are designed to reset during power up. At a point delayed slightly from V_{CC} crossing V_{RST}, all registers will be reset to the low state. The output state will depend on the polarity of the output buffer.

This feature is critical for state machine initialization. However, due to the asynchronous nature of reset and the uncertainty of how V_{CC} actually rises in the system, the following conditions are required:

1. The V_{CC} rise must be monotonic,
2. After reset occurs, all input and feedback setup times must be met before driving the clock pin high, and
3. The clock must remain stable during t_{PR}.

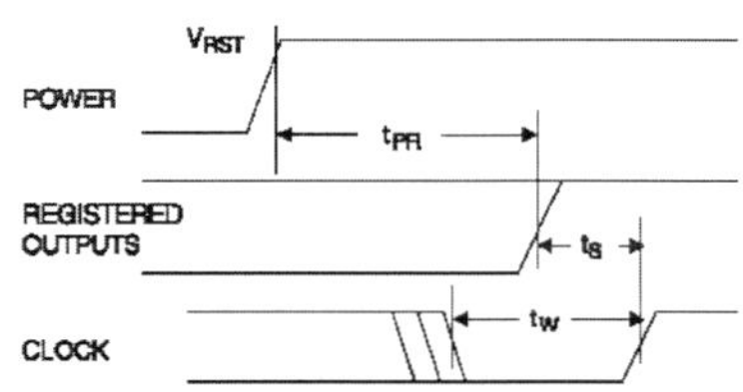

Parameter	Description	Typ	Max	Units
t_{PR}	Power-Up Reset Time	600	1,000	ns
V_{RST}	Power-Up Reset Voltage	3.8	4.5	V

Preload of Registered Outputs

The ATF22V10B's registers are provided with circuitry to allow loading of each register with either a high or a low. This feature will simplify testing since any state can be forced into the registers to control test sequencing. A JEDEC file with preload is generated when a source file with vectors is compiled. Once downloaded, the JEDEC file preload sequence will be done automatically by most of the approved programmers after the programming.

Security Fuse Usage

A single fuse is provided to prevent unauthorized copying of the ATF22V10B fuse patterns. Once programmed, fuse verify and preload are inhibited. However, the 64-bit User Signature remains accessible.

The security fuse should be programmed last, as its effect is immediate.

Electronic Signature Word

There are 64 bits of programmable memory that are always available to the user, even if the device is secured. These bits can be used for user-specific data.

Programming/Erasing

Programming/erasing is performed using standard PLD programmers. See *CMOS PLD Programming Hardware and Software Support* for information on software/programming.

Input and I/O Pull-Ups

All ATF22V10B family members have internal input and I/O pull-up resistors. Therefore, whenever inputs or I/Os are not being driven externally, they will float to V_{CC}. This ensures that all logic array inputs are at known states. These are relatively weak active pull-ups that can easily be overdriven by TTL-compatible drivers (see input and I/O diagrams below).

Input Diagram

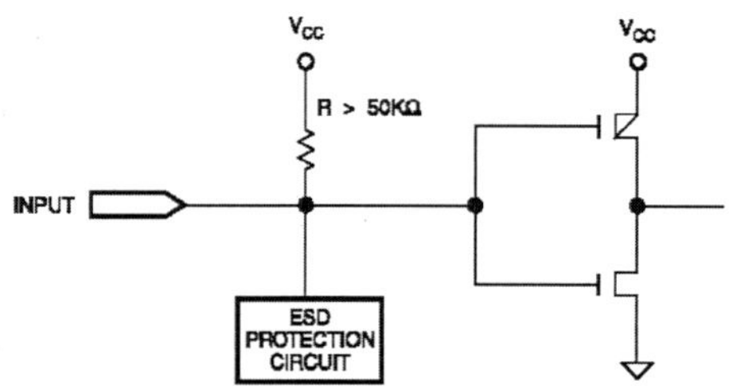

I/O Diagram

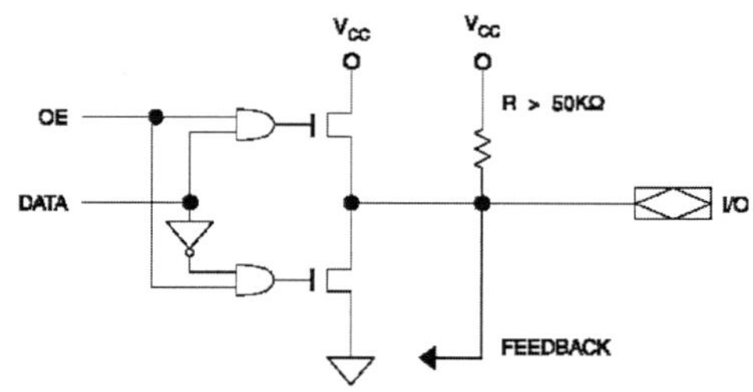

Functional Logic Diagram ATF22V10B

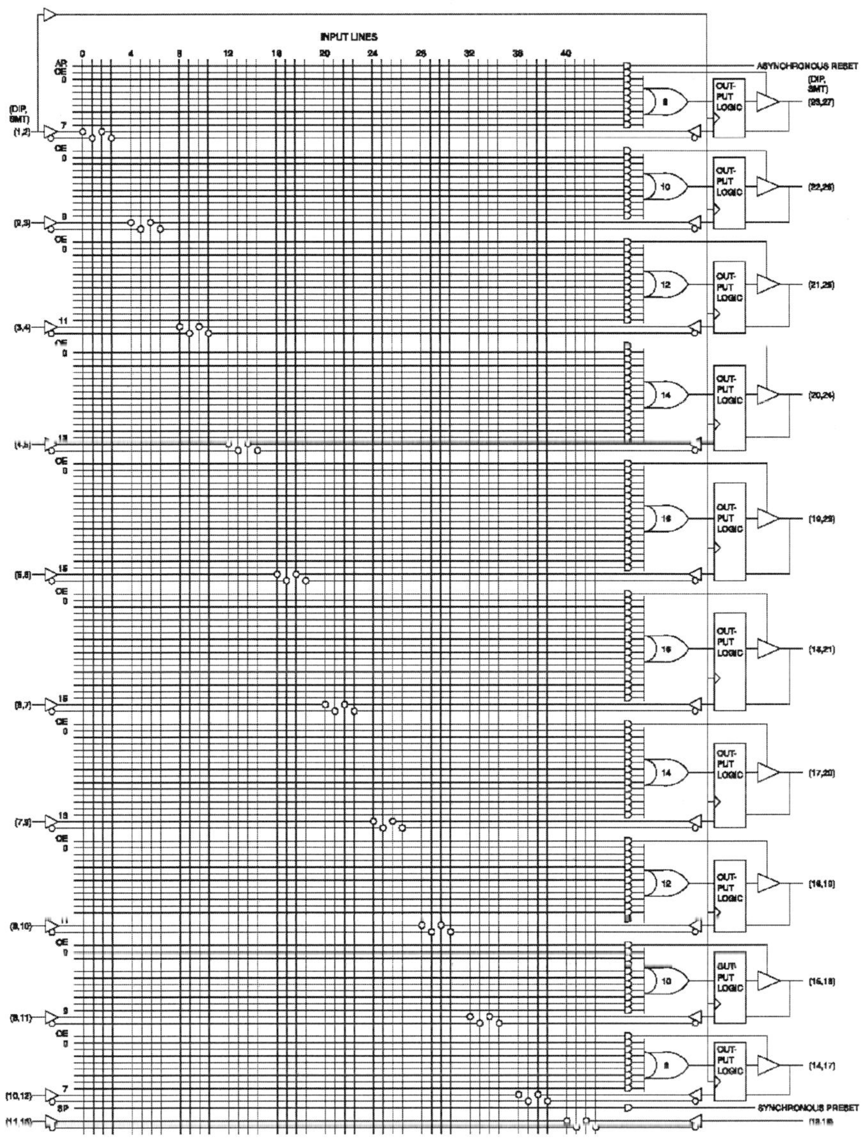

SUPPLY CURRENT vs. INPUT FREQUENCY

ATF22V10B/BQ (VCC = 5V, TA = 25°C)

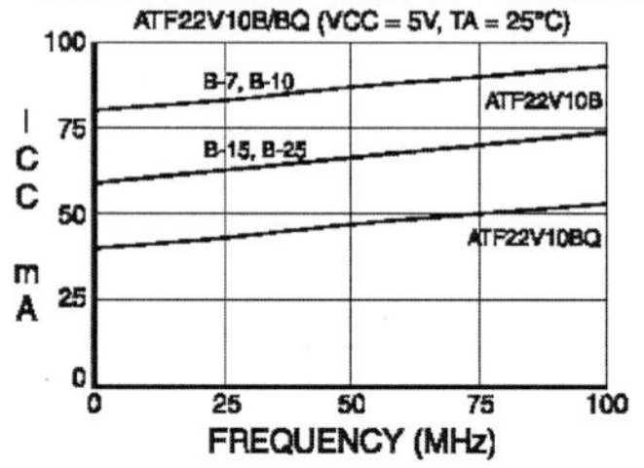

SUPPLY CURRENT vs. INPUT FREQUENCY

ATF22V10BL/BQL (VCC = 5V, TA = 25°C)

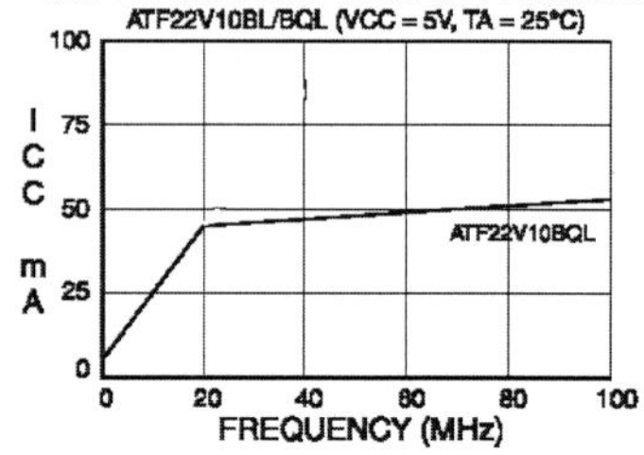

SUPPLY CURRENT vs. SUPPLY VOLTAGE

ATF22V10B/BQ (TA = 25°C)

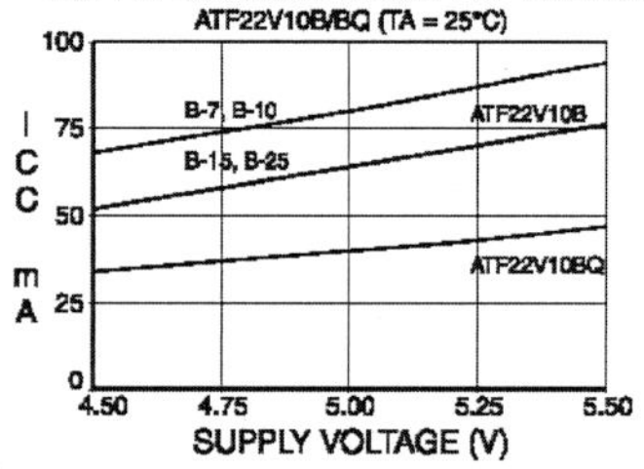

SUPPLY CURRENT vs. SUPPLY VOLTAGE

ATF22V10BL/BQL (TA = 25°C)

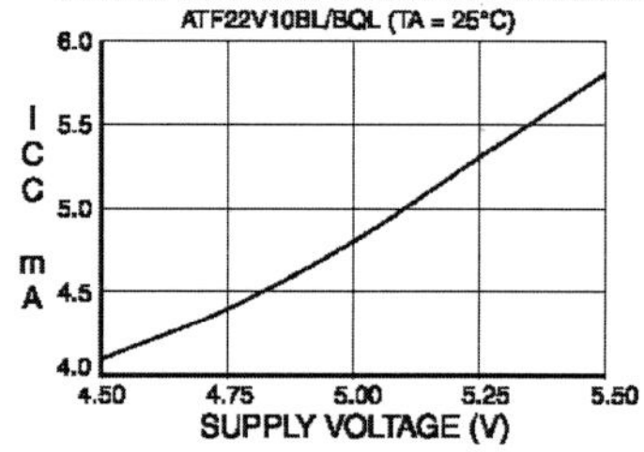

SUPPLY CURRENT vs. AMBIENT TEMPERATURE

ATF22V10B/BQ (VCC = 5V)

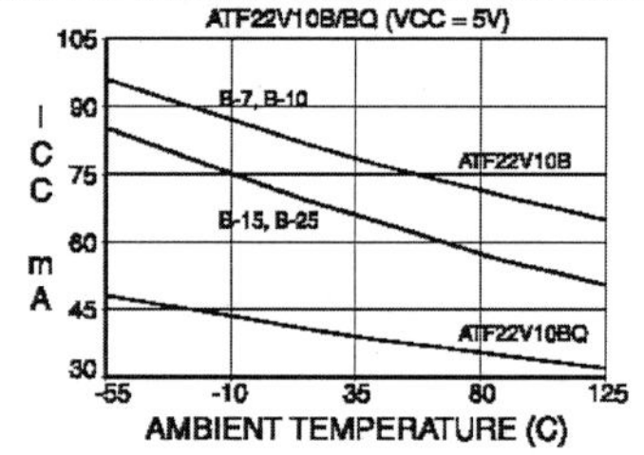

SUPPLY CURRENT vs. AMBIENT TEMPERATURE

ATF22V10BL/BQL (VCC = 5V)

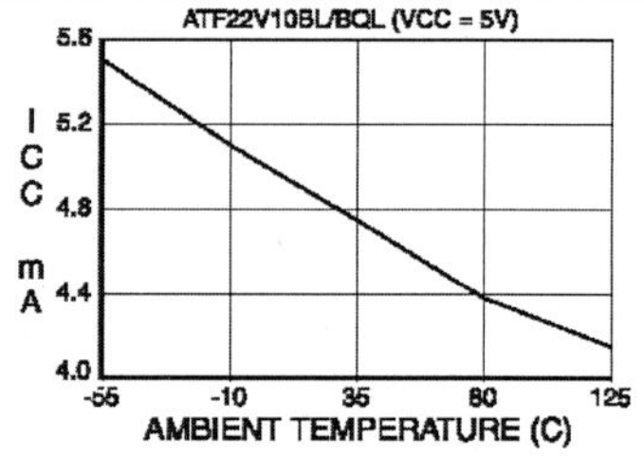

OUTPUT SOURCE CURRENT

vs. SUPPLY VOLTAGE (VOH = 2.4V)

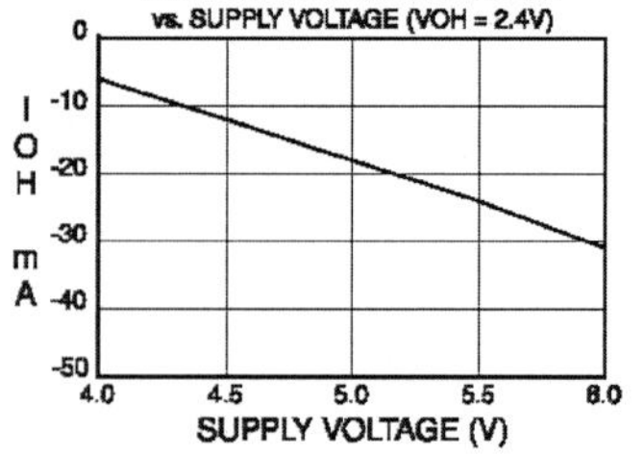

OUTPUT SINK CURRENT

vs. SUPPLY VOLTAGE (VOL = 0.5V)

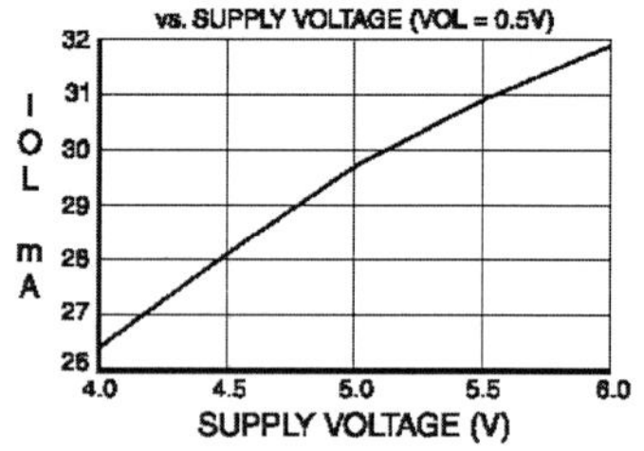

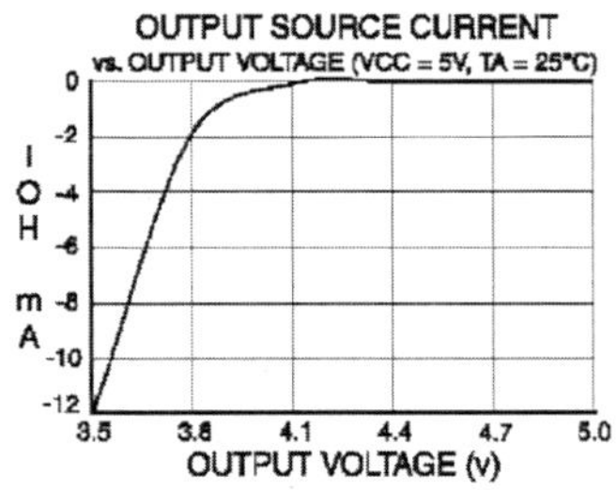
OUTPUT SOURCE CURRENT
vs. OUTPUT VOLTAGE (VCC = 5V, TA = 25°C)
IOH mA
OUTPUT VOLTAGE (v)

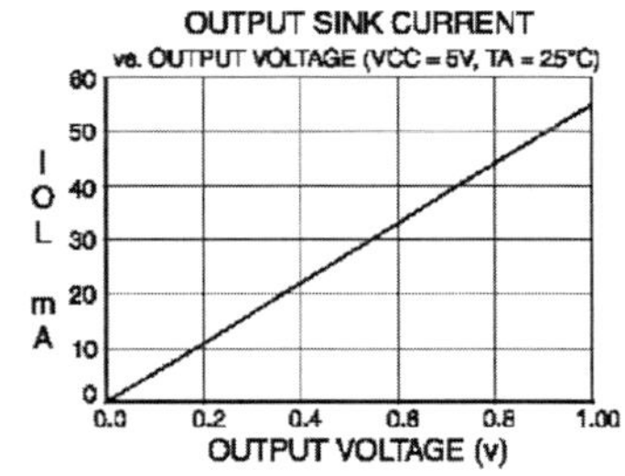
OUTPUT SINK CURRENT
vs. OUTPUT VOLTAGE (VCC = 5V, TA = 25°C)
IOL mA
OUTPUT VOLTAGE (v)

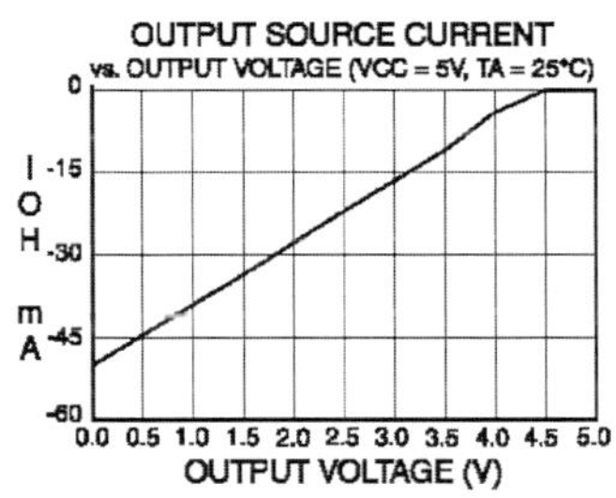
OUTPUT SOURCE CURRENT
vs. OUTPUT VOLTAGE (VCC = 5V, TA = 25°C)
IOH mA
OUTPUT VOLTAGE (V)

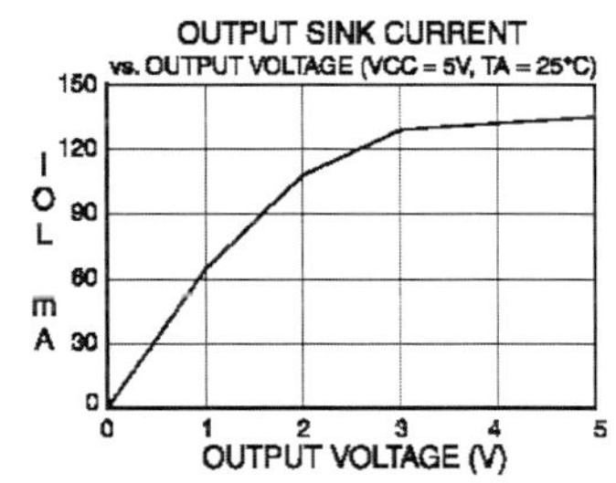
OUTPUT SINK CURRENT
vs. OUTPUT VOLTAGE (VCC = 5V, TA = 25°C)
IOL mA
OUTPUT VOLTAGE (V)

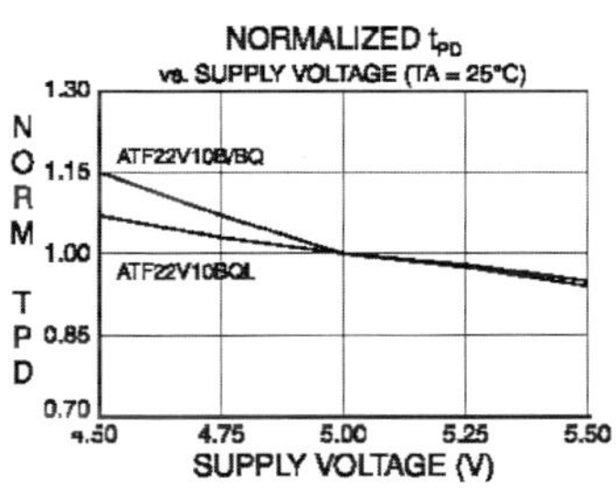
NORMALIZED tPD
vs. SUPPLY VOLTAGE (TA = 25°C)
NORM TPD
ATF22V10B/BQ
ATF22V10BQL
SUPPLY VOLTAGE (V)

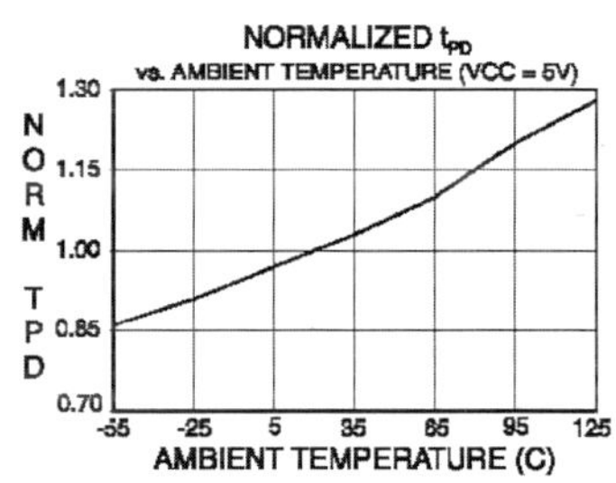
NORMALIZED tPD
vs. AMBIENT TEMPERATURE (VCC = 5V)
NORM TPD
AMBIENT TEMPERATURE (C)

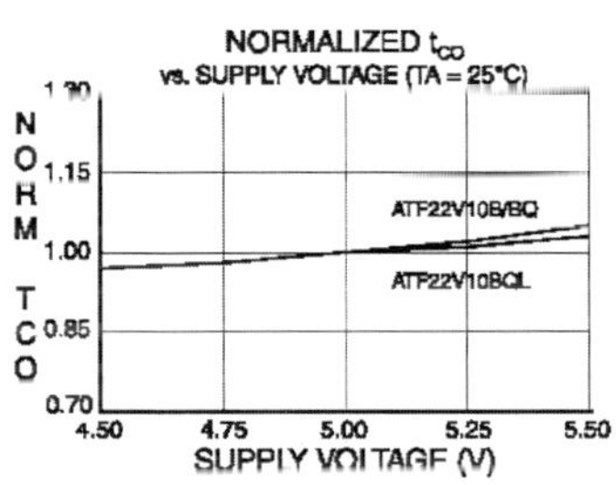
NORMALIZED tCO
vs. SUPPLY VOLTAGE (TA = 25°C)
NORM TCO
ATF22V10B/BQ
ATF22V10BQL
SUPPLY VOLTAGE (V)

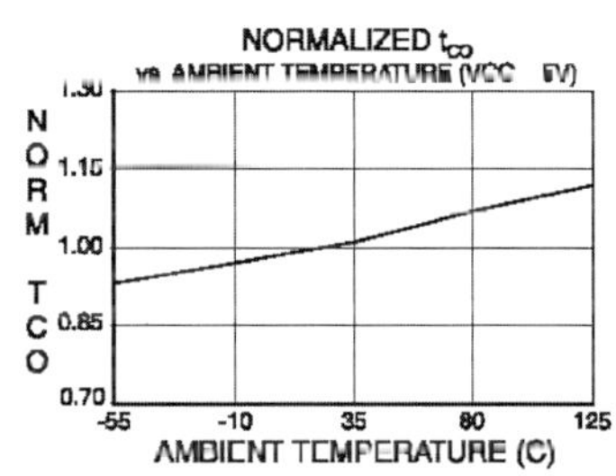
NORMALIZED tCO
NORM TCO
AMBIENT TEMPERATURE (C)

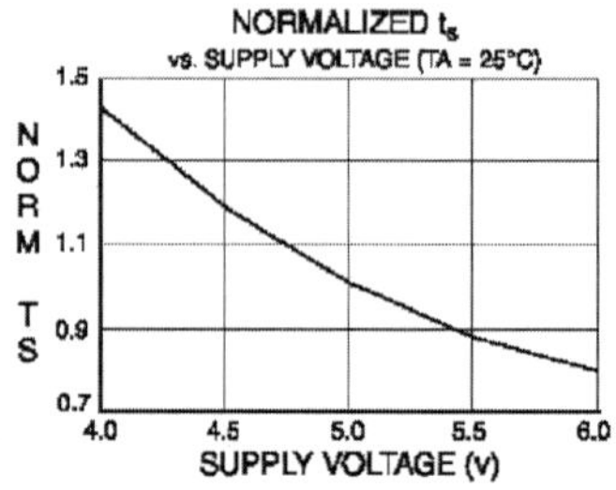
NORMALIZED t_S
vs. SUPPLY VOLTAGE (TA = 25°C)
NORM TS
1.5
1.3
1.1
0.9
0.7
4.0 4.5 5.0 5.5 6.0
SUPPLY VOLTAGE (V)

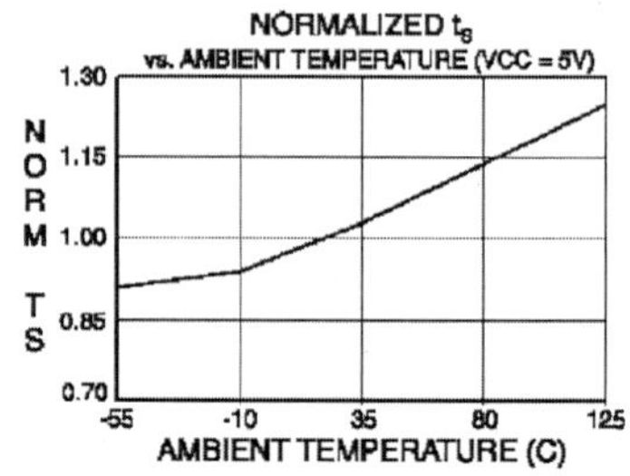
NORMALIZED t_S
vs. AMBIENT TEMPERATURE (VCC = 5V)
NORM TS
1.30
1.15
1.00
0.85
0.70
-55 -10 35 80 125
AMBIENT TEMPERATURE (C)

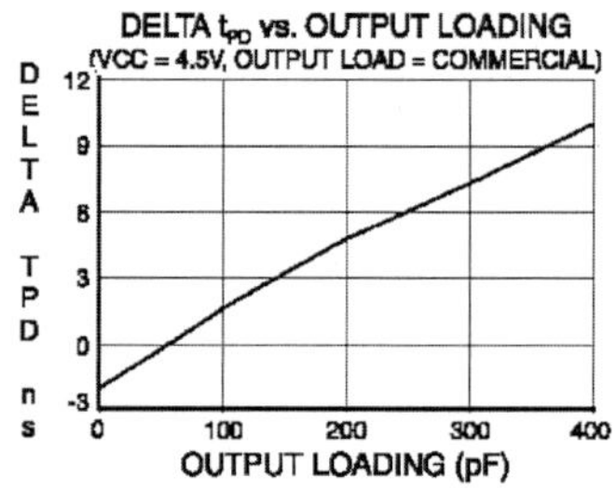
DELTA t_{PD} vs. OUTPUT LOADING
(VCC = 4.5V, OUTPUT LOAD = COMMERCIAL)
DELTA TPD ns
12
9
6
3
0
-3
0 100 200 300 400
OUTPUT LOADING (pF)

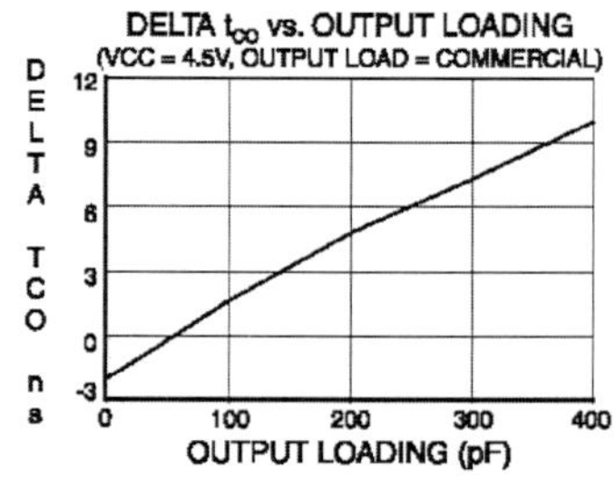
DELTA t_{CO} vs. OUTPUT LOADING
(VCC = 4.5V, OUTPUT LOAD = COMMERCIAL)
DELTA TCO ns
12
9
6
3
0
-3
0 100 200 300 400
OUTPUT LOADING (pF)

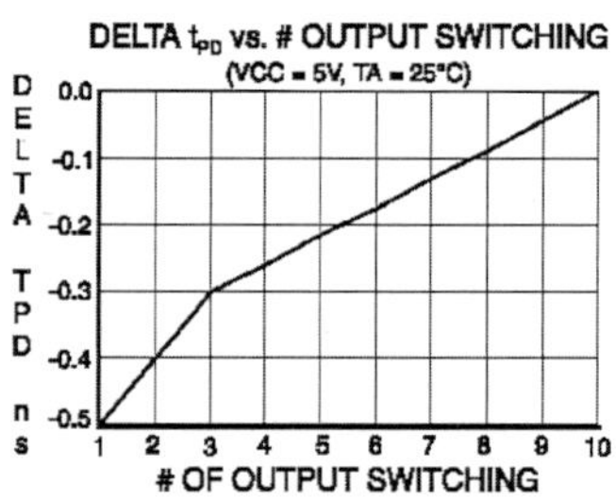
DELTA t_{PD} vs. # OUTPUT SWITCHING
(VCC = 5V, TA = 25°C)
DELTA TPD ns
0.0
-0.1
-0.2
-0.3
-0.4
-0.5
1 2 3 4 5 6 7 8 9 10
OF OUTPUT SWITCHING

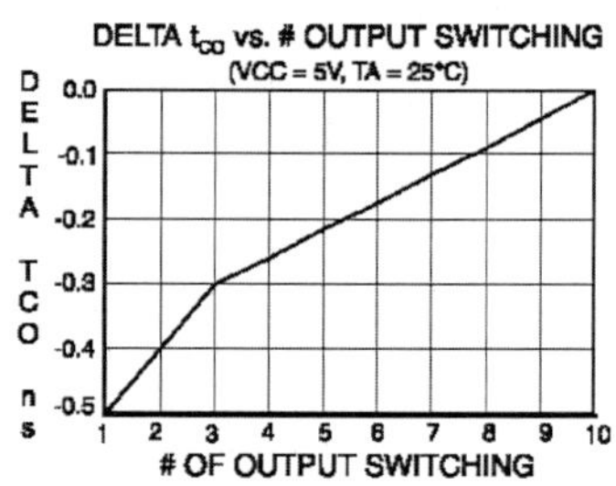
DELTA t_{CO} vs. # OUTPUT SWITCHING
(VCC = 5V, TA = 25°C)
DELTA TCO ns
0.0
-0.1
-0.2
-0.3
-0.4
-0.5
1 2 3 4 5 6 7 8 9 10
OF OUTPUT SWITCHING

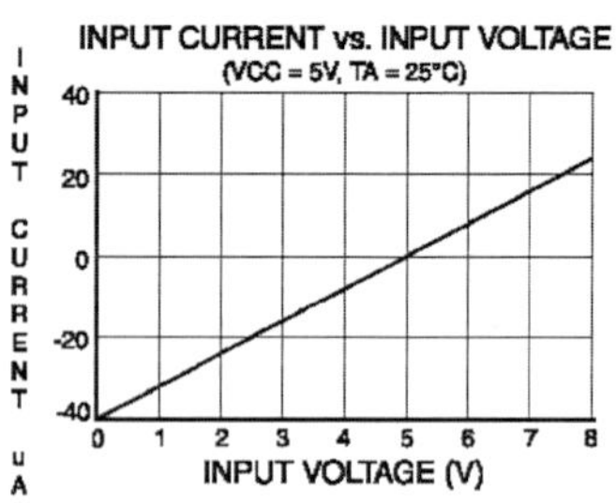
INPUT CURRENT vs. INPUT VOLTAGE
(VCC = 5V, TA = 25°C)
INPUT CURRENT uA
40
20
0
-20
-40
0 1 2 3 4 5 6 7 8
INPUT VOLTAGE (V)

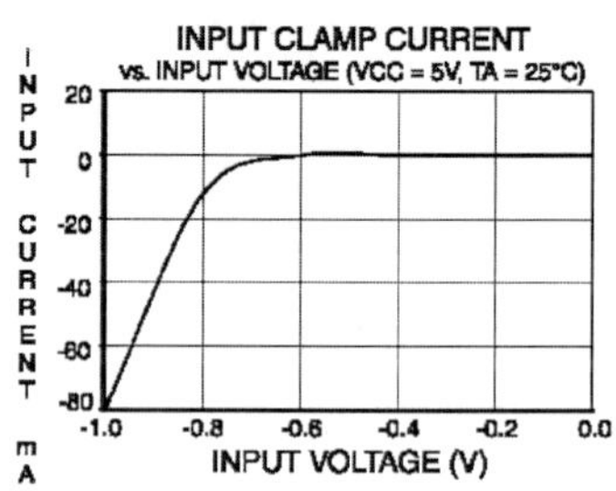
INPUT CLAMP CURRENT
vs. INPUT VOLTAGE (VCC = 5V, TA = 25°C)
INPUT CURRENT mA
20
0
-20
-40
-60
-80
-1.0 -0.8 -0.6 -0.4 -0.2 0.0
INPUT VOLTAGE (V)

Ordering Information

t_{PD} (ns)	t_S (ns)	t_{CO} (ns)	Ordering Code	Package	Operation Range
7.5	3.5	4.5	ATF22V10B-7JC[1]	28J	Commercial
			ATF22V10B-7PC[1]	24P3	(0°C to 70°C)
			ATF22V10B-7SC[1]	24S	
			ATF22V10B-7XC[1]	24X	
10	4.5	6.5	ATF22V10B-10JC[1]	28J	Commercial
			ATF22V10B-10PC[1]	24P3	(0°C to 70°C)
			ATF22V10B-10SC[1]	24S	
			ATF22V10B-10XC[1]	24X	
			ATF22V10B-10JI[1]	28J	Industrial
			ATF22V10B-10PI[1]	24P3	(-40°C to 85°C)
			ATF22V10B-10SI[1]	24S	
			ATF22V10B-10XI[1]	24X	
			ATF22V10B-10GM/883	24D3	Military/883C
			ATF22V10B-10NM/883	28L	(-55°C to 125°C)
					Class B, Fully Compliant
15	10	8	ATF22V10B-15JC	28J	Commercial
			ATF22V10B-15PC	24P3	(0°C to 70°C)
			ATF22V10B-15SC	24S	
			ATF22V10B-15XC	24X	
			ATF22V10B-15JI	28J	Industrial
			ATF22V10B-15PI	24P3	(-40°C to 85°C)
			ATF22V10B-15SI	24S	
			ATF22V10B-15XI	24X	
			ATF22V10B-15GM/883	24D3	Military/883C
			ATF22V10B-15NM/883	28L	(-55°C to 125°C)
					Class B, Fully Compliant
25	15	15	ATF22V10B-25JC	28J	Commercial
			ATF22V10B-25PC	24P3	(0°C to 70°C)
			ATF22V10B-25SC	24S	
			ATF22V10B-25XC	24X	
			ATF22V10B-25JI	28J	Industrial
			ATF22V10B-25PI	24P3	(-40°C to 85°C)
			ATF22V10B-25SI	24S	
			ATF22V10B-25XI	24X	
10	4.5	6.5	5962-89841 06LA	24D3	Military
			5962-89841 063X	28L	(-55°C to 125°C)
					Class B, Fully Compliant
15	10	8	5962-89841 03LA[2]	24D3	Military
			5962-89841 033X[2]	28L	(-55°C to 125°C)
			5962-89841 05LA	24D3	Class B, Fully Compliant
			5962-89841 053X	28L	

Notes: 1. Recommend ATF22V10C versions.

2. Difference between 03 and 05 is that 05 has a relaxed t_{CO} = 12 ns and t_{MAX} (witrh external feedback) = 42 MHz.

Ordering Information

t_{PD} (ns)	t_S (ns)	t_{CO} (ns)	Ordering Code	Package	Operation Range
15	10	8	ATF22V10BQ-15JC ATF22V10BQ-15PC ATF22V10BQ-15SC ATF22V10BQ-15XC	28J 24P3 24S 24X	Commercial (0°C to 70°C)
20	14	12	ATF22V10BQL-20JC ATF22V10BQL-20PC ATF22V10BQL-20SC ATF22V10BQL-20XC	28J 24P3 24S 24X	Commercial (0°C to 70°C)
			ATF22V10BQL-20JI ATF22V10BQL-20PI ATF22V10BQL-20SI ATF22V10BQL-20XI	28J 24P3 24S 24X	Industrial (-40°C to 85°C)
			ATF22V10BQL-20GM/883 ATF22V10BQL-20GM/883	24D3 28L	Military/883C (-55°C to 125°C) Class B, Fully Compliant
25	15	15	ATF22V10BQL-25JC ATF22V10BQL-25PC ATF22V10BQL-25SC ATF22V10BQL-25XC	28J 24P3 24S 24X	Commercial (0°C to 70°C)
			ATF22V10BQL-25JI ATF22V10BQL-25PI ATF22V10BQL-25SI ATF22V10BQL-25XI	28J 24P3 24S 24X	Industrial (-40°C to 85°C)
			ATF22V10BQL-25GM/883 ATF22V10BQL-25NM/883	24D3 28L	Military/883C (-55°C to 125°C) Class B, Fully Compliant
20	14	12	5962-89841 14 LA 5962-89841 14 3X	24D3 28L	
25	15	15	5962-89841 13 LA 5962-89841 13 3X	24D3 28L	

Package Type	
24D3	24-Lead, 0.300" Wide, Ceramic Dual Inline Package (Cerdip)
28J	28-Lead, Plastic J-Leaded Chip Carrier (PLCC)
28L	28-Pad, Ceramic Leadless Chip Carrier (LCC)
24P3	24-Lead, 0.300" Wide, Plastic Dual Inline Package (PDIP)
24S	24-Lead, 0.300" Wide, Plastic Gull Wing Small Outline (SOIC)
24X	24-Lead, 4.4 mm Wide, Plastic Thin Shrink Small Outline (TSSOP)

Packaging Information

24D3, 24-Lead, 0.300" Wide, Non-Windowed, Ceramic Dual Inline Package (Cerdip)
Dimensions in Inches and (Millimeters)
MIL-STD-1835 D-9 CONFIG A

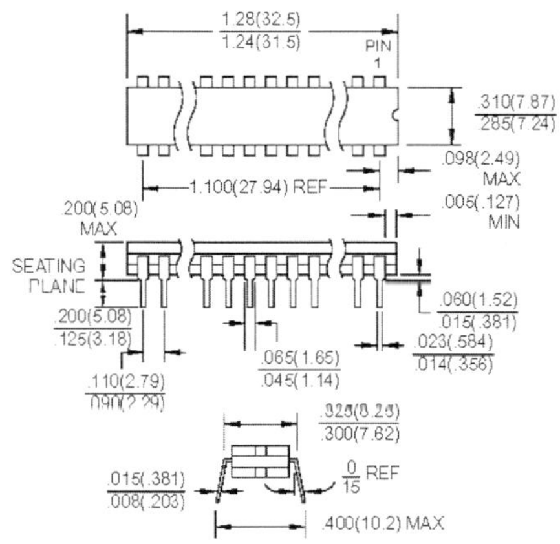

28J, 28-Lead, Plastic J-Leaded Chip Carrier (PLCC)
Dimensions in Inches and (Millimeters)
JEDEC STANDARD MS-018 AB

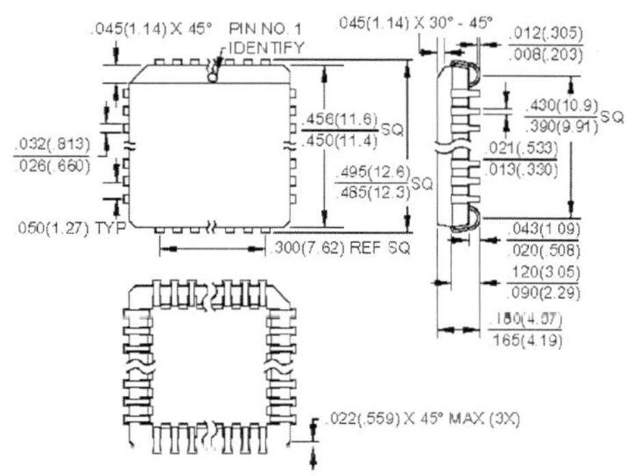

28L, 28-Pad, Non-Windowed, Ceramic Leadless Chip Carrier (LCC)
Dimensions in Inches and (Millimeters)
MIL-STD-1835 C-4

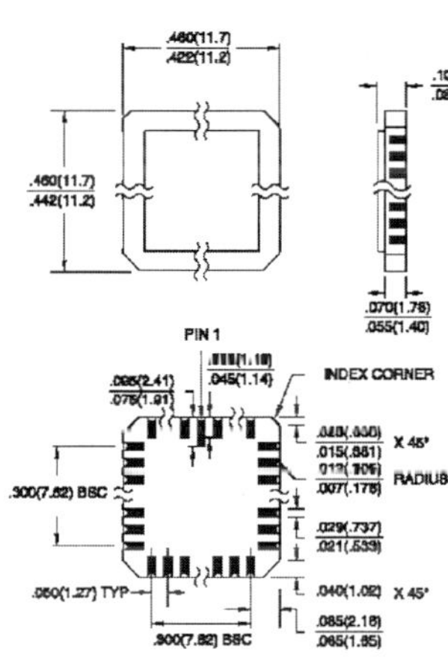

24P3, 24-Lead, 0.300" Wide, Plastic Dual Inline Package (PDIP)
Dimensions in Inches and (Millimeters)
JEDEC STANDARD MS-001 AF

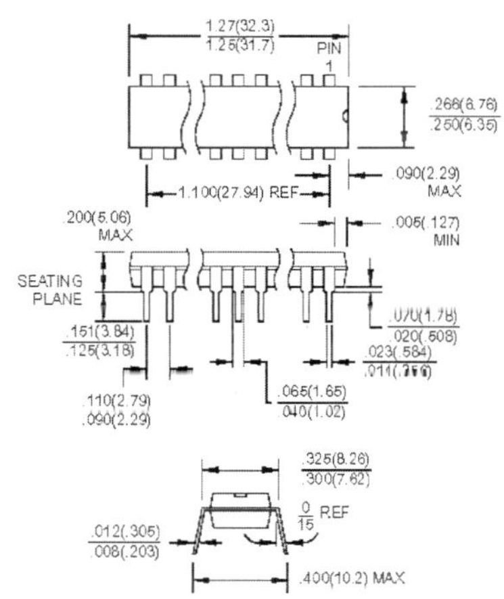

Packaging Information

24S, 24-Lead, 0.300" Wide, Plastic Gull Wing Small Outline (SOIC)
Dimensions in Inches and (Millimeters)

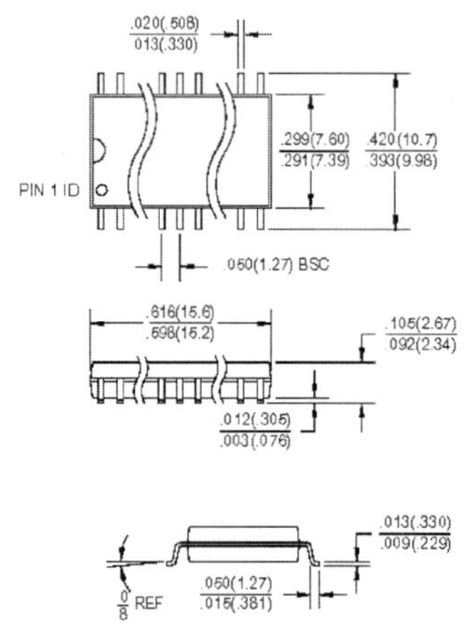

24X, 24-Lead, 4.4 mm Wide, Plastic Thin Shrink Small Outline (TSSOP)
Dimensions in Millimeters and (Inches)

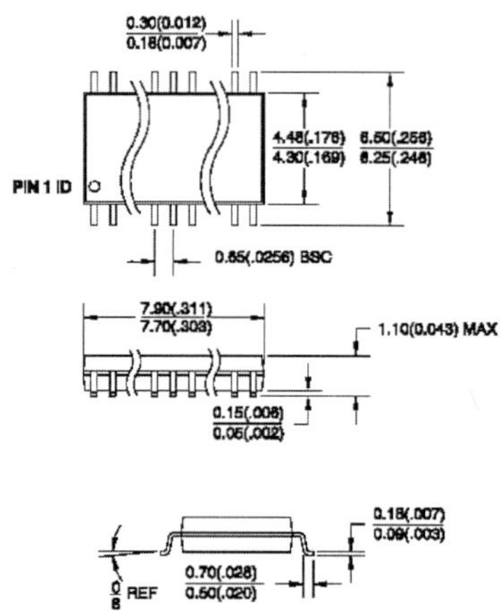

ATF22V10B

MOTOROLA

QUAD 2-INPUT NAND GATE

- ESD > 3500 Volts

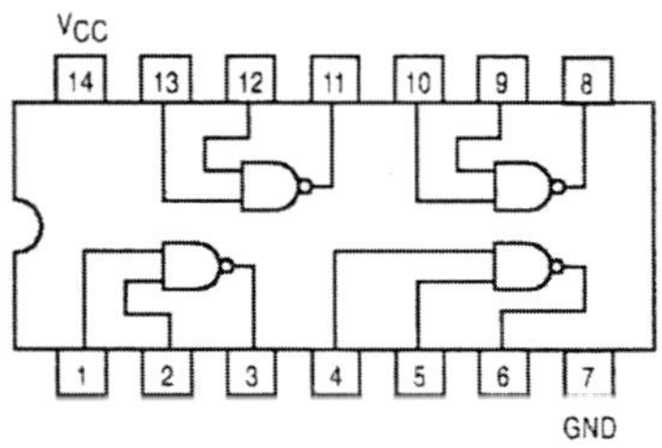

SN54/74LS00

QUAD 2-INPUT NAND GATE

LOW POWER SCHOTTKY

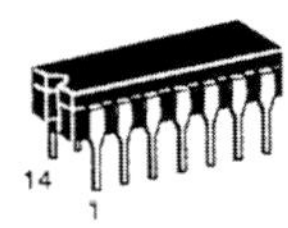

J SUFFIX
CERAMIC
CASE 632-08

N SUFFIX
PLASTIC
CASE 646-06

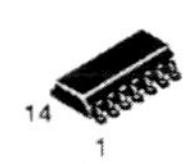

D SUFFIX
SOIC
CASE 751A-02

ORDERING INFORMATION

SN54LSXXJ	Ceramic
SN74LSXXN	Plastic
SN74LSXXD	SOIC

GUARANTEED OPERATING RANGES

Symbol	Parameter		Min	Typ	Max	Unit
V_{CC}	Supply Voltage	54 74	4.5 4.75	5.0 5.0	5.5 5.25	V
T_A	Operating Ambient Temperature Range	54 74	−55 0	25 25	125 70	°C
I_{OH}	Output Current — High	54, 74			−0.4	mA
I_{OL}	Output Current — Low	54 74			4.0 8.0	mA

SN54/74LS00

DC CHARACTERISTICS OVER OPERATING TEMPERATURE RANGE (unless otherwise specified)

Symbol	Parameter		Limits Min	Typ	Max	Unit	Test Conditions	
V_{IH}	Input HIGH Voltage		2.0			V	Guaranteed Input HIGH Voltage for All Inputs	
V_{IL}	Input LOW Voltage	54			0.7	V	Guaranteed Input LOW Voltage for All Inputs	
		74			0.8			
V_{IK}	Input Clamp Diode Voltage			−0.65	−1.5	V	V_{CC} = MIN, I_{IN} = −18 mA	
V_{OH}	Output HIGH Voltage	54	2.5	3.5		V	V_{CC} = MIN, I_{OH} = MAX, V_{IN} = V_{IH} or V_{IL} per Truth Table	
		74	2.7	3.5		V		
V_{OL}	Output LOW Voltage	54, 74		0.25	0.4	V	I_{OL} = 4.0 mA	V_{CC} = V_{CC} MIN, V_{IN} = V_{IL} or V_{IH} per Truth Table
		74		0.35	0.5	V	I_{OL} = 8.0 mA	
I_{IH}	Input HIGH Current				20	µA	V_{CC} = MAX, V_{IN} = 2.7 V	
					0.1	mA	V_{CC} = MAX, V_{IN} = 7.0 V	
I_{IL}	Input LOW Current				−0.4	mA	V_{CC} = MAX, V_{IN} = 0.4 V	
I_{OS}	Short Circuit Current (Note 1)		−20		−100	mA	V_{CC} = MAX	
I_{CC}	Power Supply Current Total, Output HIGH				1.6	mA	V_{CC} = MAX	
	Total, Output LOW				4.4			

Note 1: Not more than one output should be shorted at a time, nor for more than 1 second.

AC CHARACTERISTICS (T_A = 25°C)

Symbol	Parameter	Limits Min	Typ	Max	Unit	Test Conditions
t_{PLH}	Turn-Off Delay, Input to Output		9.0	15	ns	V_{CC} = 5.0 V C_L = 15 pF
t_{PHL}	Turn-On Delay, Input to Output		10	15	ns	

MOTOROLA

QUAD 2-INPUT NOR GATE

SN54/74LS02

QUAD 2-INPUT NOR GATE

LOW POWER SCHOTTKY

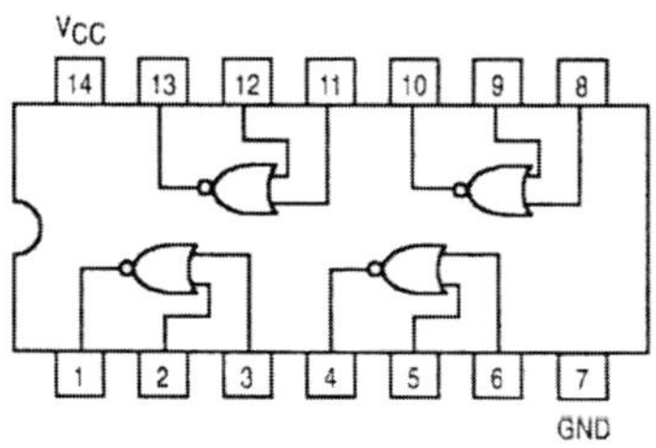

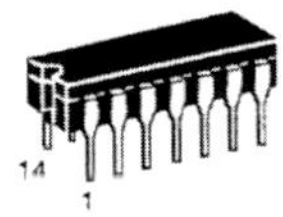

J SUFFIX
CERAMIC
CASE 632-08

N SUFFIX
PLASTIC
CASE 646-06

D SUFFIX
SOIC
CASE 751A-02

ORDERING INFORMATION

SN54LSXXJ Ceramic
SN74LSXXN Plastic
SN74LSXXD SOIC

GUARANTEED OPERATING RANGES

Symbol	Parameter		Min	Typ	Max	Unit
V_{CC}	Supply Voltage	54 74	4.5 4.75	5.0 5.0	5.5 5.25	V
T_A	Operating Ambient Temperature Range	54 74	-55 0	25 25	125 70	°C
I_{OH}	Output Current — High	54, 74			-0.4	mA
I_{OL}	Output Current — Low	54 74			4.0 8.0	mA

SN54/74LS02

DC CHARACTERISTICS OVER OPERATING TEMPERATURE RANGE (unless otherwise specified)

Symbol	Parameter		Limits Min	Typ	Max	Unit	Test Conditions	
V_{IH}	Input HIGH Voltage		2.0			V	Guaranteed Input HIGH Voltage for All Inputs	
V_{IL}	Input LOW Voltage	54			0.7	V	Guaranteed Input LOW Voltage for All Inputs	
		74			0.8			
V_{IK}	Input Clamp Diode Voltage			−0.65	−1.5	V	V_{CC} = MIN, I_{IN} = −18 mA	
V_{OH}	Output HIGH Voltage	54	2.5	3.5		V	V_{CC} = MIN, I_{OH} = MAX, V_{IN} = V_{IH} or V_{IL} per Truth Table	
		74	2.7	3.5		V		
V_{OL}	Output LOW Voltage	54, 74		0.25	0.4	V	I_{OL} = 4.0 mA	V_{CC} = V_{CC} MIN, V_{IN} = V_{IL} or V_{IH} per Truth Table
		74		0.35	0.5	V	I_{OL} = 8.0 mA	
I_{IH}	Input HIGH Current				20	µA	V_{CC} = MAX, V_{IN} = 2.7 V	
					0.1	mA	V_{CC} = MAX, V_{IN} = 7.0 V	
I_{IL}	Input LOW Current				−0.4	mA	V_{CC} = MAX, V_{IN} = 0.4 V	
I_{OS}	Short Circuit Current (Note 1)		−20		−100	mA	V_{CC} = MAX	
I_{CC}	Power Supply Current Total, Output HIGH				3.2	mA	V_{CC} = MAX	
	Total, Output LOW				5.4			

Note 1: Not more than one output should be shorted at a time, nor for more than 1 second.

AC CHARACTERISTICS (T_A = 25°C)

Symbol	Parameter	Limits Min	Typ	Max	Unit	Test Conditions
t_{PLH}	Turn-Off Delay, Input to Output		10	15	ns	V_{CC} = 5.0 V C_L = 15 pF
t_{PHL}	Turn-On Delay, Input to Output		10	15	ns	

MOTOROLA

QUAD 2-INPUT NAND GATE

- ESD > 3500 Volts

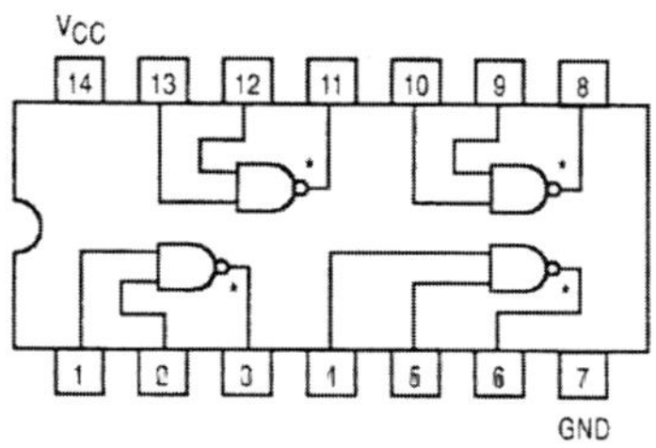

* OPEN COLLECTOR OUTPUTS

SN54/74LS03

QUAD 2-INPUT NAND GATE

LOW POWER SCHOTTKY

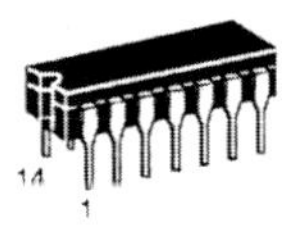

J SUFFIX
CERAMIC
CASE 632-08

N SUFFIX
PLASTIC
CASE 646-06

D SUFFIX
SOIC
CASE 751A-02

ORDERING INFORMATION

SN54LSXXJ Ceramic
SN74LSXXN Plastic
SN74LSXXD SOIC

GUARANTEED OPERATING RANGES

Symbol	Parameter		Min	Typ	Max	Unit
V_{CC}	Supply Voltage	54 74	4.5 4.75	5.0 5.0	5.5 5.25	V
T_A	Operating Ambient Temperature Range	54 74	−55 0	25 25	125 70	°C
V_{OH}	Output Voltage — High	54, 74			5.5	V
I_{OL}	Output Current — Low	54 74			4.0 8.0	mA

SN54/74LS03

DC CHARACTERISTICS OVER OPERATING TEMPERATURE RANGE (unless otherwise specified)

Symbol	Parameter		Limits Min	Typ	Max	Unit	Test Conditions	
V_{IH}	Input HIGH Voltage		2.0			V	Guaranteed Input HIGH Voltage for All Inputs	
V_{IL}	Input LOW Voltage	54			0.7	V	Guaranteed Input LOW Voltage for All Inputs	
		74			0.8			
V_{IK}	Input Clamp Diode Voltage			−0.65	−1.5	V	V_{CC} = MIN, I_{IN} = −18 mA	
I_{OH}	Output HIGH Current	54, 74			100	µA	V_{CC} = MIN, V_{OH} = MAX	
V_{OL}	Output LOW Voltage	54, 74		0.25	0.4	V	I_{OL} = 4.0 mA	V_{CC} = V_{CC} MIN, V_{IN} = V_{IL} or V_{IH} per Truth Table
		74		0.35	0.5	V	I_{OL} = 8.0 mA	
I_{IH}	Input HIGH Current				20	µA	V_{CC} = MAX, V_{IN} = 2.7 V	
					0.1	mA	V_{CC} = MAX, V_{IN} = 7.0 V	
I_{IL}	Input LOW Current				−0.4	mA	V_{CC} = MAX, V_{IN} = 0.4 V	
I_{CC}	Power Supply Current Total, Output HIGH				1.6	mA	V_{CC} = MAX	
	Total, Output LOW				4.4			

AC CHARACTERISTICS (T_A = 25°C)

Symbol	Parameter	Limits Min	Typ	Max	Unit	Test Conditions
t_{PLH}	Turn-Off Delay, Input to Output		17	32	ns	V_{CC} = 5.0 V, C_L = 15 pF, R_L = 2.0 kΩ
t_{PHL}	Turn-On Delay, Input to Output		15	28	ns	

MOTOROLA

HEX INVERTER

SN54/74LS04

HEX INVERTER

LOW POWER SCHOTTKY

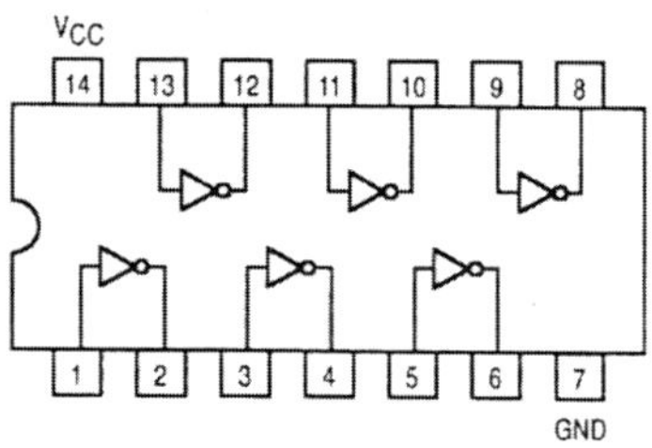

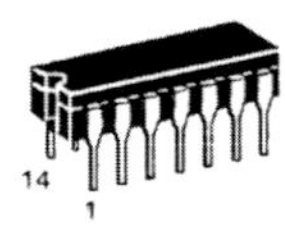

J SUFFIX
CERAMIC
CASE 632-08

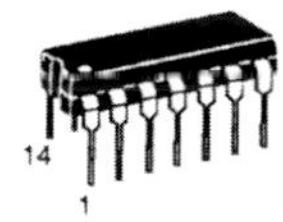

N SUFFIX
PLASTIC
CASE 646-06

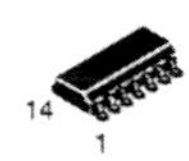

D SUFFIX
SOIC
CASE 751A-02

ORDERING INFORMATION

SN54LSXXJ Ceramic
SN74LSXXN Plastic
SN74LSXXD SOIC

GUARANTEED OPERATING RANGES

Symbol	Parameter		Min	Typ	Max	Unit
V_{CC}	Supply Voltage	54 74	4.5 4.75	5.0 5.0	5.5 5.25	V
T_A	Operating Ambient Temperature Range	54 74	−55 0	25 25	125 70	°C
I_{OH}	Output Current — High	54, 74			−0.4	mA
I_{OL}	Output Current — Low	54 74			4.0 8.0	mA

SN54/74LS04

DC CHARACTERISTICS OVER OPERATING TEMPERATURE RANGE (unless otherwise specified)

Symbol	Parameter		Limits Min	Limits Typ	Limits Max	Unit	Test Conditions	
V_{IH}	Input HIGH Voltage		2.0			V	Guaranteed Input HIGH Voltage for All Inputs	
V_{IL}	Input LOW Voltage	54			0.7	V	Guaranteed Input LOW Voltage for All Inputs	
		74			0.8			
V_{IK}	Input Clamp Diode Voltage			−0.65	−1.5	V	V_{CC} = MIN, I_{IN} = −18 mA	
V_{OH}	Output HIGH Voltage	54	2.5	3.5		V	V_{CC} = MIN, I_{OH} = MAX, V_{IN} = V_{IH} or V_{IL} per Truth Table	
		74	2.7	3.5		V		
V_{OL}	Output LOW Voltage	54, 74		0.25	0.4	V	I_{OL} = 4.0 mA	V_{CC} = V_{CC} MIN, V_{IN} = V_{IL} or V_{IH} per Truth Table
		74		0.35	0.5	V	I_{OL} = 8.0 mA	
I_{IH}	Input HIGH Current				20	µA	V_{CC} = MAX, V_{IN} = 2.7 V	
					0.1	mA	V_{CC} = MAX, V_{IN} = 7.0 V	
I_{IL}	Input LOW Current				−0.4	mA	V_{CC} = MAX, V_{IN} = 0.4 V	
I_{OS}	Short Circuit Current (Note 1)		−20		−100	mA	V_{CC} = MAX	
I_{CC}	Power Supply Current Total, Output HIGH				2.4	mA	V_{CC} = MAX	
	Total, Output LOW				6.6			

Note 1: Not more than one output should be shorted at a time, nor for more than 1 second.

AC CHARACTERISTICS (T_A = 25°C)

Symbol	Parameter	Limits Min	Limits Typ	Limits Max	Unit	Test Conditions
t_{PLH}	Turn-Off Delay, Input to Output		9.0	15	ns	V_{CC} = 5.0 V C_L = 15 pF
t_{PHL}	Turn-On Delay, Input to Output		10	15	ns	

MOTOROLA

QUAD 2-INPUT AND GATE

SN54/74LS08

QUAD 2-INPUT AND GATE

LOW POWER SCHOTTKY

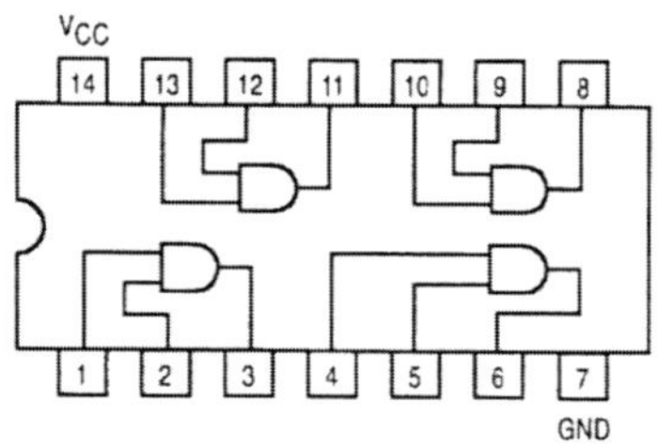

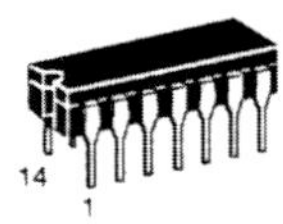

J SUFFIX
CERAMIC
CASE 632-08

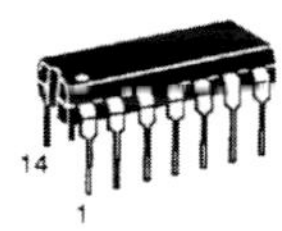

N SUFFIX
PLASTIC
CASE 646-06

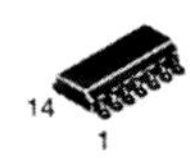

D SUFFIX
SOIC
CASE 751A-02

ORDERING INFORMATION

SN54LSXXJ Ceramic
SN74LSXXN Plastic
SN74LSXXD SOIC

GUARANTEED OPERATING RANGES

Symbol	Parameter		Min	Typ	Max	Unit
V_{CC}	Supply Voltage	54 74	4.5 4.75	5.0 5.0	5.5 5.25	V
T_A	Operating Ambient Temperature Range	54 74	−55 0	25 25	125 70	°C
I_{OH}	Output Current — High	54, 74			−0.4	mA
I_{OL}	Output Current — Low	54 74			4.0 8.0	mA

SN54/74LS08

DC CHARACTERISTICS OVER OPERATING TEMPERATURE RANGE (unless otherwise specified)

Symbol	Parameter		Limits Min	Limits Typ	Limits Max	Unit	Test Conditions	
V_{IH}	Input HIGH Voltage		2.0			V	Guaranteed Input HIGH Voltage for All Inputs	
V_{IL}	Input LOW Voltage	54			0.7	V	Guaranteed Input LOW Voltage for All Inputs	
		74			0.8			
V_{IK}	Input Clamp Diode Voltage			−0.65	−1.5	V	V_{CC} = MIN, I_{IN} = −18 mA	
V_{OH}	Output HIGH Voltage	54	2.5	3.5		V	V_{CC} = MIN, I_{OH} = MAX, V_{IN} = V_{IH} or V_{IL} per Truth Table	
		74	2.7	3.5		V		
V_{OL}	Output LOW Voltage	54, 74		0.25	0.4	V	I_{OL} = 4.0 mA	V_{CC} = V_{CC} MIN, V_{IN} = V_{IL} or V_{IH} per Truth Table
		74		0.35	0.5	V	I_{OL} = 8.0 mA	
I_{IH}	Input HIGH Current				20	µA	V_{CC} = MAX, V_{IN} = 2.7 V	
					0.1	mA	V_{CC} = MAX, V_{IN} = 7.0 V	
I_{IL}	Input LOW Current				−0.4	mA	V_{CC} = MAX, V_{IN} = 0.4 V	
I_{OS}	Short Circuit Current (Note 1)		−20		−100	mA	V_{CC} = MAX	
I_{CC}	Power Supply Current Total, Output HIGH				4.8	mA	V_{CC} = MAX	
	Total, Output LOW				8.8			

Note 1: Not more than one output should be shorted at a time, nor for more than 1 second.

AC CHARACTERISTICS (T_A = 25°C)

Symbol	Parameter	Limits Min	Limits Typ	Limits Max	Unit	Test Conditions
t_{PLH}	Turn-Off Delay, Input to Output		8.0	15	ns	V_{CC} = 5.0 V C_L = 15 pF
t_{PHL}	Turn-On Delay, Input to Output		10	20	ns	

MOTOROLA

TRIPLE 3-INPUT NAND GATE

SN54/74LS10

TRIPLE 3-INPUT NAND GATE

LOW POWER SCHOTTKY

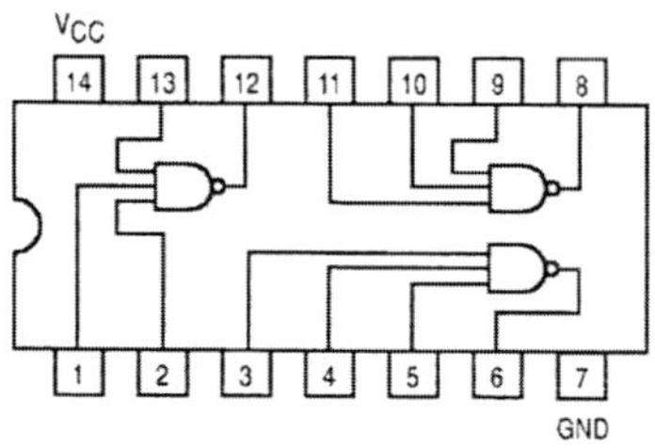

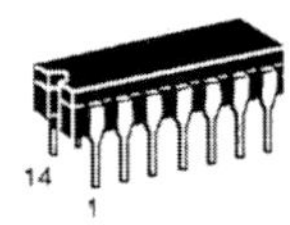

J SUFFIX
CERAMIC
CASE 632-08

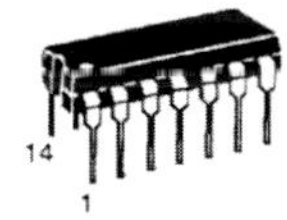

N SUFFIX
PLASTIC
CASE 646-06

D SUFFIX
SOIC
CASE 751A-02

ORDERING INFORMATION

SN54LSXXJ Ceramic
SN74LSXXN Plastic
SN74LSXXD SOIC

GUARANTEED OPERATING RANGES

Symbol	Parameter		Min	Typ	Max	Unit
V_{CC}	Supply Voltage	54 74	4.5 4.75	5.0 5.0	5.5 5.25	V
T_A	Operating Ambient Temperature Range	54 74	−55 0	25 25	125 70	°C
I_{OH}	Output Current — High	54, 74			−0.4	mA
I_{OL}	Output Current — Low	54 74			4.0 8.0	mA

SN54/74LS10

DC CHARACTERISTICS OVER OPERATING TEMPERATURE RANGE (unless otherwise specified)

Symbol	Parameter		Limits Min	Limits Typ	Limits Max	Unit	Test Conditions	
V_{IH}	Input HIGH Voltage		2.0			V	Guaranteed Input HIGH Voltage for All Inputs	
V_{IL}	Input LOW Voltage	54			0.7	V	Guaranteed Input LOW Voltage for All Inputs	
		74			0.8			
V_{IK}	Input Clamp Diode Voltage			−0.65	−1.5	V	V_{CC} = MIN, I_{IN} = −18 mA	
V_{OH}	Output HIGH Voltage	54	2.5	3.5		V	V_{CC} = MIN, I_{OH} = MAX, V_{IN} = V_{IH} or V_{IL} per Truth Table	
		74	2.7	3.5		V		
V_{OL}	Output LOW Voltage	54, 74		0.25	0.4	V	I_{OL} = 4.0 mA	V_{CC} = V_{CC} MIN, V_{IN} = V_{IL} or V_{IH} per Truth Table
		74		0.35	0.5	V	I_{OL} = 8.0 mA	
I_{IH}	Input HIGH Current				20	µA	V_{CC} = MAX, V_{IN} = 2.7 V	
					0.1	mA	V_{CC} = MAX, V_{IN} = 7.0 V	
I_{IL}	Input LOW Current				−0.4	mA	V_{CC} = MAX, V_{IN} = 0.4 V	
I_{OS}	Short Circuit Current (Note 1)		−20		−100	mA	V_{CC} = MAX	
I_{CC}	Power Supply Current Total, Output HIGH				1.2	mA	V_{CC} = MAX	
	Total, Output LOW				3.3			

Note 1: Not more than one output should be shorted at a time, nor for more than 1 second.

AC CHARACTERISTICS (T_A = 25°C)

Symbol	Parameter	Limits Min	Limits Typ	Limits Max	Unit	Test Conditions
t_{PLH}	Turn-Off Delay, Input to Output		9.0	15	ns	V_{CC} = 5.0 V C_L = 15 pF
t_{PHL}	Turn-On Delay, Input to Output		10	15	ns	

MOTOROLA

TRIPLE 3-INPUT AND GATE

SN54/74LS11

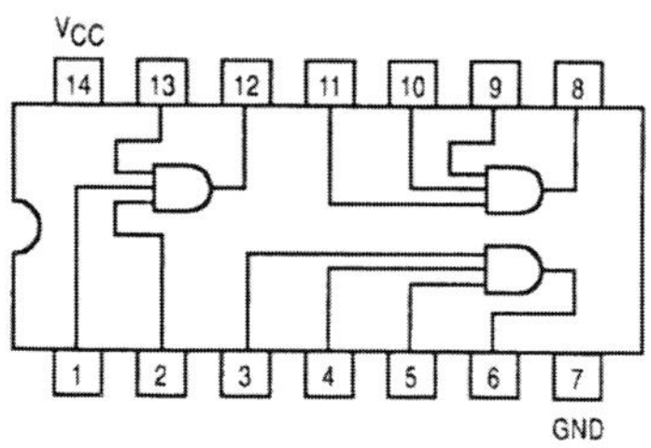

TRIPLE 3-INPUT AND GATE

LOW POWER SCHOTTKY

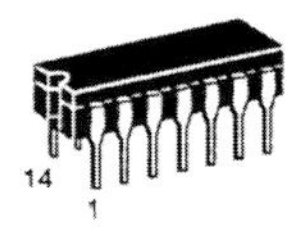

J SUFFIX
CERAMIC
CASE 632-08

N SUFFIX
PLASTIC
CASE 646-06

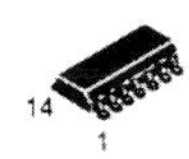

D SUFFIX
SOIC
CASE 751A-02

ORDERING INFORMATION

SN54LSXXJ Ceramic
SN74LSXXN Plastic
SN74LSXXD SOIC

GUARANTEED OPERATING RANGES

Symbol	Parameter		Min	Typ	Max	Unit
V_{CC}	Supply Voltage	54 74	4.5 4.75	5.0 5.0	5.5 5.25	V
T_A	Operating Ambient Temperature Range	54 74	−55 0	25 25	125 70	°C
I_{OH}	Output Current — High	54, 74			−0.4	mA
I_{OL}	Output Current — Low	54 74			4.0 8.0	mA

SN54/74LS11

DC CHARACTERISTICS OVER OPERATING TEMPERATURE RANGE (unless otherwise specified)

Symbol	Parameter		Limits Min	Typ	Max	Unit	Test Conditions	
V_{IH}	Input HIGH Voltage		2.0			V	Guaranteed Input HIGH Voltage for All Inputs	
V_{IL}	Input LOW Voltage	54			0.7	V	Guaranteed Input LOW Voltage for All Inputs	
		74			0.8			
V_{IK}	Input Clamp Diode Voltage			−0.65	−1.5	V	V_{CC} = MIN, I_{IN} = −18 mA	
V_{OH}	Output HIGH Voltage	54	2.5	3.5		V	V_{CC} = MIN, I_{OH} = MAX, V_{IN} = V_{IH} or V_{IL} per Truth Table	
		74	2.7	3.5		V		
V_{OL}	Output LOW Voltage	54, 74		0.25	0.4	V	I_{OL} = 4.0 mA	V_{CC} = V_{CC} MIN, V_{IN} = V_{IL} or V_{IH} per Truth Table
		74		0.35	0.5	V	I_{OL} = 8.0 mA	
I_{IH}	Input HIGH Current				20	µA	V_{CC} = MAX, V_{IN} = 2.7 V	
					0.1	mA	V_{CC} = MAX, V_{IN} = 7.0 V	
I_{IL}	Input LOW Current				−0.4	mA	V_{CC} = MAX, V_{IN} = 0.4 V	
I_{OS}	Short Circuit Current (Note 1)		−20		−100	mA	V_{CC} = MAX	
I_{CC}	Power Supply Current Total, Output HIGH				3.6	mA	V_{CC} = MAX	
	Total, Output LOW				6.6			

Note 1: Not more than one output should be shorted at a time, nor for more than 1 second.

AC CHARACTERISTICS (T_A = 25°C)

Symbol	Parameter	Limits Min	Typ	Max	Unit	Test Conditions
t_{PLH}	Turn-Off Delay, Input to Output		8.0	15	ns	V_{CC} = 5.0 V C_L = 15 pF
t_{PHL}	Turn-On Delay, Input to Output		10	20	ns	

MOTOROLA

DUAL 4-INPUT NAND GATE

SN54/74LS20

DUAL 4-INPUT NAND GATE

LOW POWER SCHOTTKY

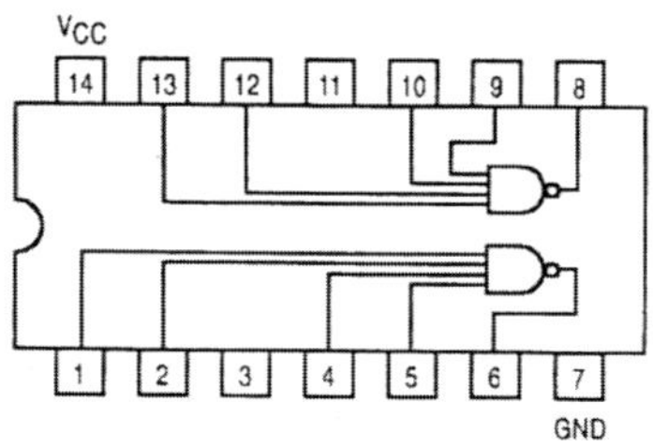

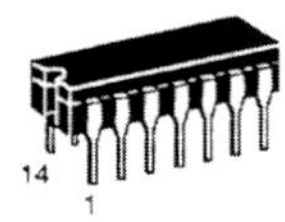

J SUFFIX
CERAMIC
CASE 632-08

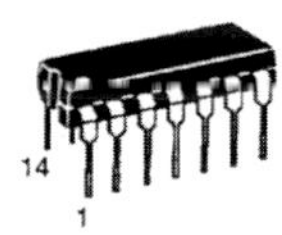

N SUFFIX
PLASTIC
CASE 646-06

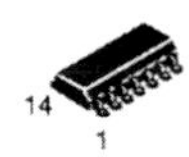

D SUFFIX
SOIC
CASE 751A-02

ORDERING INFORMATION

SN54LSXXJ Ceramic
SN74LSXXN Plastic
SN74LSXXD SOIC

GUARANTEED OPERATING RANGES

Symbol	Parameter		Min	Typ	Max	Unit
V_{CC}	Supply Voltage	54 74	4.5 4.75	5.0 5.0	5.5 5.25	V
T_A	Operating Ambient Temperature Range	54 74	−55 0	25 25	125 70	°C
I_{OH}	Output Current — High	54, 74			−0.4	mA
I_{OL}	Output Current — Low	54 74			4.0 8.0	mA

SN54/74LS20

DC CHARACTERISTICS OVER OPERATING TEMPERATURE RANGE (unless otherwise specified)

Symbol	Parameter		Limits Min	Typ	Max	Unit	Test Conditions	
V_{IH}	Input HIGH Voltage		2.0			V	Guaranteed Input HIGH Voltage for All Inputs	
V_{IL}	Input LOW Voltage	54			0.7	V	Guaranteed Input LOW Voltage for All Inputs	
		74			0.8			
V_{IK}	Input Clamp Diode Voltage			−0.65	−1.5	V	V_{CC} = MIN, I_{IN} = −18 mA	
V_{OH}	Output HIGH Voltage	54	2.5	3.5		V	V_{CC} = MIN, I_{OH} = MAX, V_{IN} = V_{IH} or V_{IL} per Truth Table	
		74	2.7	3.5		V		
V_{OL}	Output LOW Voltage	54, 74		0.25	0.4	V	I_{OL} = 4.0 mA	V_{CC} = V_{CC} MIN, V_{IN} = V_{IL} or V_{IH} per Truth Table
		74		0.35	0.5	V	I_{OL} = 8.0 mA	
I_{IH}	Input HIGH Current				20	µA	V_{CC} = MAX, V_{IN} = 2.7 V	
					0.1	mA	V_{CC} = MAX, V_{IN} = 7.0 V	
I_{IL}	Input LOW Current				−0.4	mA	V_{CC} = MAX, V_{IN} = 0.4 V	
I_{OS}	Short Circuit Current (Note 1)		−20		−100	mA	V_{CC} = MAX	
I_{CC}	Power Supply Current Total, Output HIGH				0.8	mA	V_{CC} = MAX	
	Total, Output LOW				2.2			

Note 1: Not more than one output should be shorted at a time, nor for more than 1 second.

AC CHARACTERISTICS (T_A = 25°C)

Symbol	Parameter	Limits Min	Typ	Max	Unit	Test Conditions
t_{PLH}	Turn-Off Delay, Input to Output		9.0	15	ns	V_{CC} = 5.0 V C_L = 15 pF
t_{PHL}	Turn-On Delay, Input to Output		10	15	ns	

MOTOROLA

QUAD 2-INPUT OR GATE

SN54/74LS32

QUAD 2-INPUT OR GATE

LOW POWER SCHOTTKY

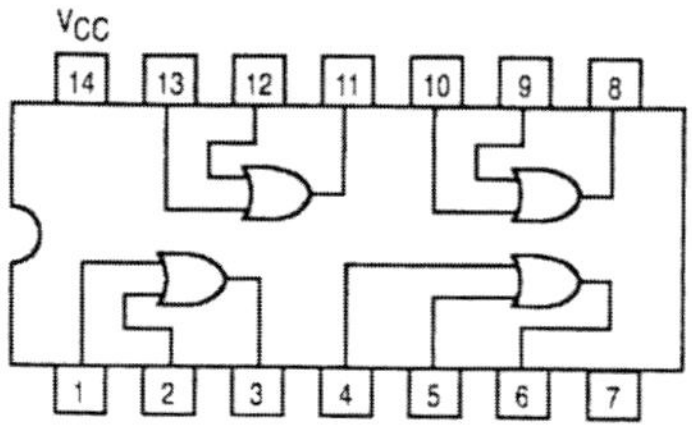

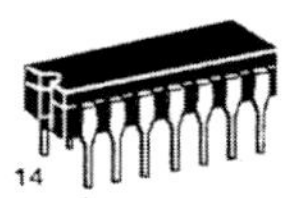

J SUFFIX
CERAMIC
CASE 632-08

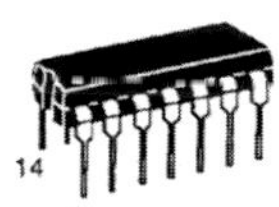

N SUFFIX
PLASTIC
CASE 646-06

D SUFFIX
SOIC
CASE 751A-02

ORDERING INFORMATION

SN54LSXXJ Ceramic
SN74LSXXN Plastic
SN74LSXXD SOIC

GUARANTEED OPERATING RANGES

Symbol	Parameter		Min	Typ	Max	Unit
V_{CC}	Supply Voltage	54 74	4.5 4.75	5.0 5.0	5.5 5.25	V
T_A	Operating Ambient Temperature Range	54 74	−55 0	25 25	125 70	°C
I_{OH}	Output Current — High	54, 74			−0.4	mA
I_{OL}	Output Current — Low	54 74			4.0 8.0	mA

SN54/74LS32

DC CHARACTERISTICS OVER OPERATING TEMPERATURE RANGE (unless otherwise specified)

Symbol	Parameter		Limits			Unit	Test Conditions	
			Min	Typ	Max			
V_{IH}	Input HIGH Voltage		2.0			V	Guaranteed Input HIGH Voltage for All Inputs	
V_{IL}	Input LOW Voltage	54			0.7	V	Guaranteed Input LOW Voltage for All Inputs	
		74			0.8			
V_{IK}	Input Clamp Diode Voltage			−0.65	−1.5	V	V_{CC} = MIN, I_{IN} = −18 mA	
V_{OH}	Output HIGH Voltage	54	2.5	3.5		V	V_{CC} = MIN, I_{OH} = MAX, V_{IN} = V_{IH} or V_{IL} per Truth Table	
		74	2.7	3.5		V		
V_{OL}	Output LOW Voltage	54, 74		0.25	0.4	V	I_{OL} = 4.0 mA	V_{CC} = V_{CC} MIN, V_{IN} = V_{IL} or V_{IH} per Truth Table
		74		0.35	0.5	V	I_{OL} = 8.0 mA	
I_{IH}	Input HIGH Current				20	µA	V_{CC} = MAX, V_{IN} = 2.7 V	
					0.1	mA	V_{CC} = MAX, V_{IN} = 7.0 V	
I_{IL}	Input LOW Current				−0.4	mA	V_{CC} = MAX, V_{IN} = 0.4 V	
I_{OS}	Short Circuit Current (Note 1)		−20		−100	mA	V_{CC} = MAX	
I_{CC}	Power Supply Current Total, Output HIGH				6.2	mA	V_{CC} = MAX	
	Total, Output LOW				9.8			

Note 1: Not more than one output should be shorted at a time, nor for more than 1 second.

AC CHARACTERISTICS (T_A = 25°C)

Symbol	Parameter	Limits			Unit	Test Conditions
		Min	Typ	Max		
t_{PLH}	Turn-Off Delay, Input to Output		14	22	ns	V_{CC} = 5.0 V C_L = 15 pF
t_{PHL}	Turn-On Delay, Input to Output		14	22	ns	

MOTOROLA

BCD TO 7-SEGMENT DECODER/DRIVER

SN54/74LS47

The SN54/74LS47 are Low Power Schottky BCD to 7-Segment Decoder/Drivers consisting of NAND gates, input buffers and seven AND-OR-INVERT gates. They offer active LOW, high sink current outputs for driving indicators directly. Seven NAND gates and one driver are connected in pairs to make BCD data and its complement available to the seven decoding AND-OR-INVERT gates. The remaining NAND gate and three input buffers provide lamp test, blanking input/ripple-blanking output and ripple-blanking input.

The circuits accept 4-bit binary-coded-decimal (BCD) and, depending on the state of the auxiliary inputs, decodes this data to drive a 7-segment display indicator. The relative positive-logic output levels, as well as conditions required at the auxiliary inputs, are shown in the truth tables. Output configurations of the SN54/74LS47 are designed to withstand the relatively high voltages required for 7-segment indicators.

These outputs will withstand 15 V with a maximum reverse current of 250 µA. Indicator segments requiring up to 24 mA of current may be driven directly from the SN74LS47 high performance output transistors. Display patterns for BCD input counts above nine are unique symbols to authenticate input conditions.

The SN54/74LS47 incorporates automatic leading and/or trailing-edge zero-blanking control (RBI and RBO). Lamp test (LT) may be performed at any time which the BI/RBO node is a HIGH level. This device also contains an overriding blanking input (BI) which can be used to control the lamp intensity by varying the frequency and duty cycle of the BI input signal or to inhibit the outputs.

- Lamp Intensity Modulation Capability (BI/RBO)
- Open Collector Outputs
- Lamp Test Provision
- Leading/Trailing Zero Suppression
- Input Clamp Diodes Limit High-Speed Termination Effects

CONNECTION DIAGRAM DIP (TOP VIEW)

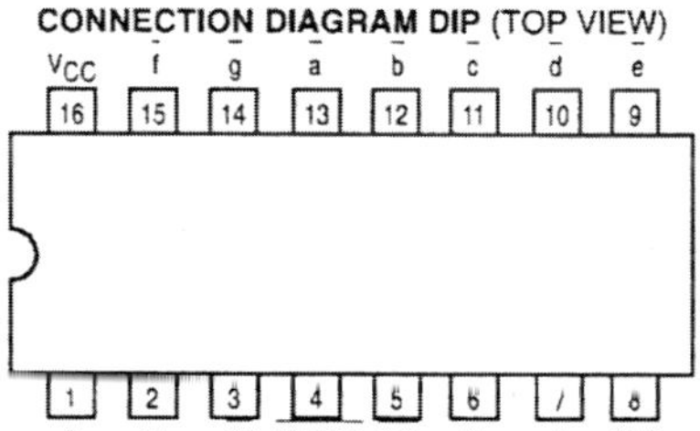

PIN NAMES | **LOADING** (Note a)

		HIGH	LOW
A, B, C, D	BCD Inputs	0.5 U.L.	0.25 U.L.
RBI	Ripple-Blanking Input	0.5 U.L.	0.25 U.L.
LT	Lamp-Test Input	0.5 U.L.	0.25 U.L.
BI/RBO	Blanking Input or	0.5 U.L.	0.75 U.L.
	Ripple-Blanking Output	1.2 U.L.	2.0 U.L.
a, to g	Outputs	Open Collector	15 (7.5) U.L.

NOTES:
a) 1 Unit Load (U.L.) = 40 µA HIGH, 1.6 mA LOW.
b) Output current measured at V_{OUT} = 0.5 V
The Output LOW drive factor is 7.5 U.L. for Military (54) and 15 U.L. for Commercial (74) Temperature Ranges.

BCD TO 7-SEGMENT DECODER/DRIVER

LOW POWER SCHOTTKY

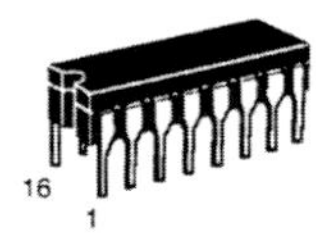

J SUFFIX
CERAMIC
CASE 620-09

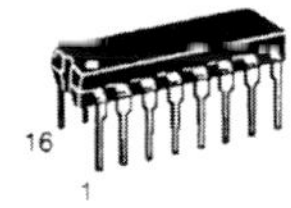

N SUFFIX
PLASTIC
CASE 648-08

D SUFFIX
SOIC
CASE 751B-03

ORDERING INFORMATION

SN54LSXXJ	Ceramic
SN74LSXXN	Plastic
SN74LSXXD	SOIC

LOGIC SYMBOL

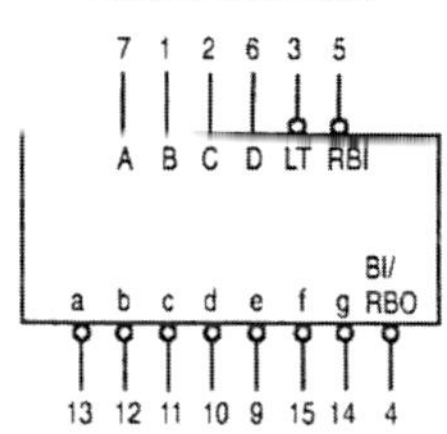

V_{CC} = PIN 16
GND = PIN 8

SN54/74LS47

LOGIC DIAGRAM

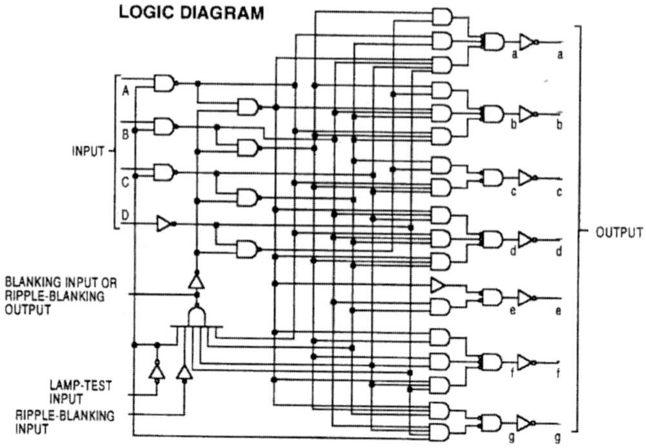

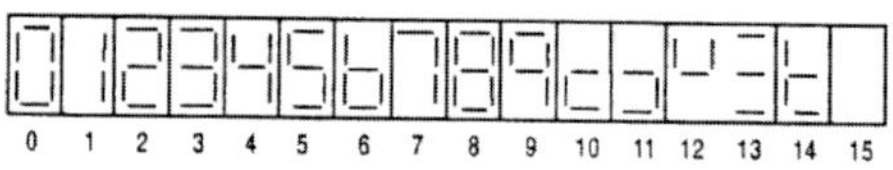

NUMERICAL DESIGNATIONS — RESULTANT DISPLAYS

TRUTH TABLE

DECIMAL OR FUNCTION	INPUTS $\overline{\text{LT}}$	$\overline{\text{RBI}}$	D	C	B	A	$\overline{\text{BI/RBO}}$	OUTPUTS $\bar{a}$	$\bar{b}$	$\bar{c}$	$\bar{d}$	$\bar{e}$	$\bar{f}$	$\bar{g}$	NOTE
0	H	H	L	L	L	L	H	L	L	L	L	L	L	H	A
1	H	X	L	L	L	H	H	H	L	L	H	H	H	H	A
2	H	X	L	L	H	L	H	L	L	H	L	L	H	L	
3	H	X	L	L	H	H	H	L	L	L	L	H	H	L	
4	H	X	L	H	L	L	H	H	L	L	H	H	L	L	
5	H	X	L	H	L	H	H	L	H	L	L	H	L	L	
6	H	X	L	H	H	L	H	H	H	L	L	L	L	L	
7	H	X	L	H	H	H	H	L	L	L	H	H	H	H	
8	H	X	H	L	L	L	H	L	L	L	L	L	L	L	
9	H	X	H	L	L	H	H	L	L	L	H	H	L	L	
10	H	X	H	L	H	L	H	H	H	H	L	L	H	L	
11	H	X	H	L	H	H	H	H	H	L	L	H	H	L	
12	H	X	H	H	L	L	H	H	L	H	H	H	L	L	
13	H	X	H	H	L	H	H	L	H	H	L	H	L	L	
14	H	X	H	H	H	L	H	H	H	H	L	L	L	L	
15	H	X	H	H	H	H	H	H	H	H	H	H	H	H	
$\overline{\text{BI}}$	X	X	X	X	X	X	L	H	H	H	H	H	H	H	B
$\overline{\text{RBI}}$	H	L	L	L	L	L	L	H	H	H	H	H	H	H	C
$\overline{\text{LT}}$	L	X	X	X	X	X	H	L	L	L	L	L	L	L	D

H = HIGH Voltage Level
L = LOW Voltage Level
X = Immaterial

NOTES:

(A) BI/RBO is wire-AND logic serving as blanking Input (BI) and/or ripple-blanking output (RBO). The blanking out (BI) must be open or held at a HIGH level when output functions 0 through 15 are desired, and ripple-blanking input (RBI) must be open or at a HIGH level if blanking of a decimal 0 is not desired. X = input may be HIGH or LOW.

(B) When a LOW level is applied to the blanking input (forced condition) all segment outputs go to a LOW level regardless of the state of any other input condition.

(C) When ripple-blanking input (RBI) and inputs A, B, C, and D are at LOW level, with the lamp test input at HIGH level, all segment outputs go to a HIGH level and the ripple-blanking output (RBO) goes to a LOW level (response condition).

(D) When the blanking input/ripple-blanking output (BI/RBO) is open or held at a HIGH level, and a LOW level is applied to lamp test input, all segment outputs go to a LOW level.

SN54/74LS47

GUARANTEED OPERATING RANGES

Symbol	Parameter		Min	Typ	Max	Unit
V_{CC}	Supply Voltage	54 74	4.5 4.75	5.0 5.0	5.5 5.25	V
T_A	Operating Ambient Temperature Range	54 74	−55 0	25 25	125 70	°C
I_{OH}	Output Current — High BI/RBO	54, 74			−50	µA
I_{OL}	Output Current — Low BI/RBO BI/RBO	54 74			1.6 3.2	mA
$V_{O\ (off)}$	Off-State Output Voltage $\bar{a}$ to $\bar{g}$	54, 74			15	V
$I_{O\ (on)}$	On-State Output Current $\bar{a}$ to $\bar{g}$ $\bar{a}$ to $\bar{g}$	54 74			12 24	mA

DC CHARACTERISTICS OVER OPERATING TEMPERATURE RANGE (unless otherwise specified)

Symbol	Parameter		Limits Min	Limits Typ	Limits Max	Unit	Test Conditions
V_{IH}	Input HIGH Voltage		2.0			V	Guaranteed Input HIGH Theshold Voltage for All Inputs
V_{IL}	Input LOW Voltage	54			0.7	V	Guaranteed Input LOW Threshold Voltage for All Inputs
		74			0.8		
V_{IK}	Input Clamp Diode Voltage			−0.65	−1.5	V	V_{CC} = MIN, I_{IN} = −18 mA
V_{OH}	Output HIGH Voltage, BI/RBO		2.4	4.2		V	V_{CC} = MIN, I_{OH} = −50 µA, V_{IN} = V_{IN} or V_{IL} per Truth Table
V_{OL}	Output LOW Voltage BI/RBO	54, 74		0.25	0.4	V	I_{OL} = 1.6 mA; V_{CC} = MIN, V_{IN} = V_{IN} or V_{IL} per Truth Table
		74		0.35	0.5	V	I_{OL} = 3.2 mA
$I_{O\ (off)}$	Off-State Output Current $\bar{a}$ thru $\bar{g}$				250	µA	V_{CC} = MAX, V_{IN} = V_{IN} or V_{IL} per Truth Table, $V_{O\ (off)}$ = 15 V
$V_{O\ (on)}$	On-State Output Voltage $\bar{a}$ thru $\bar{g}$	54, 74		0.25	0.4	V	$I_{O\ (on)}$ = 12 mA; V_{CC} = MAX, V_{IN} = V_{IH} or V_{IL} per Truth Table
		74		0.35	0.5	V	$I_{O\ (on)}$ = 24 mA
I_{IH}	Input HIGH Current				20	µA	V_{CC} = MAX, V_{IN} = 2.7 V
					0.1	mA	V_{CC} = MAX, V_{IN} = 7.0 V
I_{IL}	Input LOW Current BI/RBO Any Input except BI/RBO				−1.2 −0.4	mA	V_{CC} = MAX, V_{IN} = 0.4 V
I_{OS} BI/RBO	Output Short Circuit Current (Note 1)		−0.3		−2.0	mA	V_{CC} = MAX, V_{OUT} = 0 V
I_{CC}	Power Supply Current			7.0	13	mA	V_{CC} = MAX

Note 1: Not more than one output should be shorted at a time, nor for more than 1 second.

AC CHARACTERISTICS (T_A = 25°C)

Symbol	Parameter	Limits Min	Limits Typ	Limits Max	Unit	Test Conditions
t_{PHL} t_{PLH}	Propagation Delay, Address Input to Segment Output			100 100	ns ns	V_{CC} = 5.0 V C_L = 15 pF
t_{PHL} t_{PLH}	Propagation Delay, RBI Input To Segment Output			100 100	ns ns	

AC WAVEFORMS

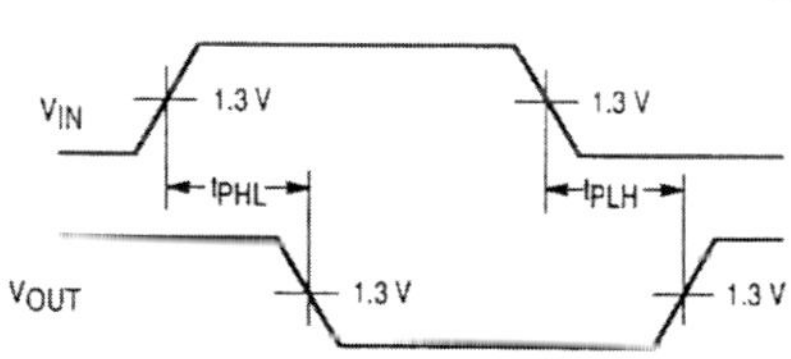

Figure 1

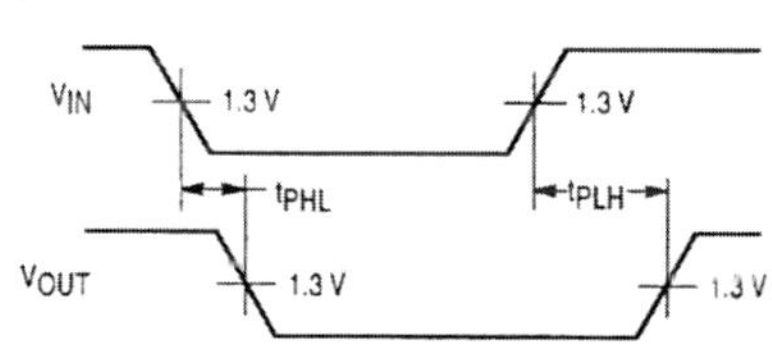

Figure 2

FAST AND LS TTL DATA

MOTOROLA

DUAL D-TYPE POSITIVE EDGE-TRIGGERED FLIP-FLOP

The SN54/74LS74A dual edge-triggered flip-flop utilizes Schottky TTL circuitry to produce high speed D-type flip-flops. Each flip-flop has individual clear and set inputs, and also complementary Q and Q outputs.

Information at input D is transferred to the Q output on the positive-going edge of the clock pulse. Clock triggering occurs at a voltage level of the clock pulse and is not directly related to the transition time of the positive-going pulse. When the clock input is at either the HIGH or the LOW level, the D input signal has no effect.

LOGIC DIAGRAM (Each Flip-Flop)

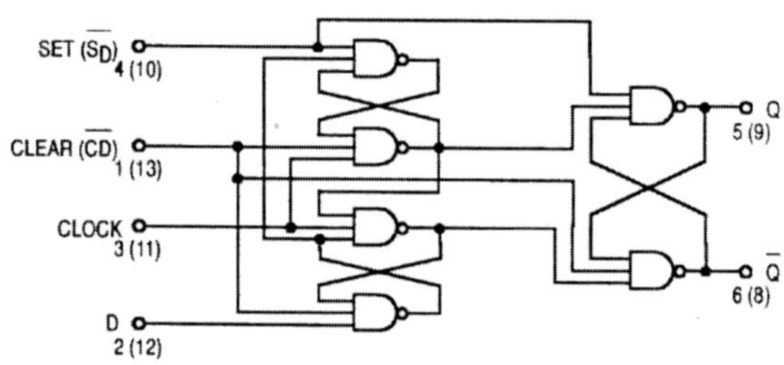

MODE SELECT — TRUTH TABLE

OPERATING MODE	INPUTS			OUTPUTS	
	S_D	S_D	D	Q	Q
Set	L	H	X	H	L
Reset (Clear)	H	L	X	L	H
*Undetermined	L	L	X	H	H
Load "1" (Set)	H	H	h	H	L
Load "0" (Reset)	H	H	l	L	H

* Both outputs will be HIGH while both S_D and C_D are LOW, but the output states are unpredictable if S_D and C_D go HIGH simultaneously. If the levels at the set and clear are near V_{IL} maximum then we cannot guarantee to meet the minimum level for V_{OH}.

H, h = HIGH Voltage Level
L, l = LOW Voltage Level
X = Don't Care
l, h (q) = Lower case letters indicate the state of the referenced input (or output) one set-up time prior to the HIGH to LOW clock transition.

SN54/74LS74A

DUAL D-TYPE POSITIVE EDGE-TRIGGERED FLIP-FLOP

LOW POWER SCHOTTKY

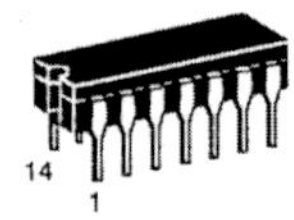

J SUFFIX
CERAMIC
CASE 632-08

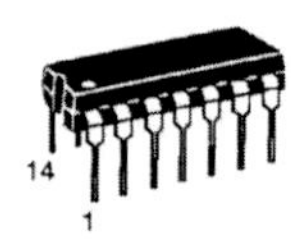

N SUFFIX
PLASTIC
CASE 646-06

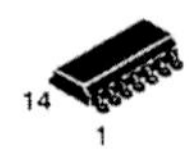

D SUFFIX
SOIC
CASE 751A-02

ORDERING INFORMATION

SN54LSXXJ Ceramic
SN74LSXXN Plastic
SN74LSXXD SOIC

LOGIC SYMBOL

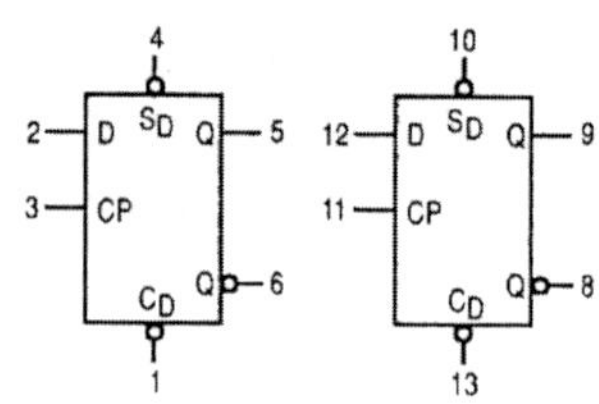

V_{CC} = PIN 14
GND = PIN 7

GUARANTEED OPERATING RANGES

Symbol	Parameter		Min	Typ	Max	Unit
V_{CC}	Supply Voltage	54 74	4.5 4.75	5.0 5.0	5.5 5.25	V
T_A	Operating Ambient Temperature Range	54 74	−55 0	25 25	125 70	°C
I_{OH}	Output Current — High	54, 74			−0.4	mA
I_{OL}	Output Current — Low	54 74			4.0 8.0	mA

DC CHARACTERISTICS OVER OPERATING TEMPERATURE RANGE (unless otherwise specified)

Symbol	Parameter		Limits Min	Typ	Max	Unit	Test Conditions	
V_{IH}	Input HIGH Voltage		2.0			V	Guaranteed Input HIGH Voltage for All Inputs	
V_{IL}	Input LOW Voltage	54			0.7	V	Guaranteed Input LOW Voltage for All Inputs	
		74			0.8			
V_{IK}	Input Clamp Diode Voltage			−0.65	−1.5	V	V_{CC} = MIN, I_{IN} = −18 mA	
V_{OH}	Output HIGH Voltage	54	2.5	3.5		V	V_{CC} = MIN, I_{OH} = MAX, V_{IN} = V_{IH} or V_{IL} per Truth Table	
		74	2.7	3.5		V		
V_{OL}	Output LOW Voltage	54, 74		0.25	0.4	V	I_{OL} = 4.0 mA	V_{CC} = V_{CC} MIN, V_{IN} = V_{IL} or V_{IH} per Truth Table
		74		0.35	0.5	V	I_{OL} = 8.0 mA	
I_{IH}	Input High Current Data, Clock Set, Clear				20 40	µA	V_{CC} = MAX, V_{IN} = 2.7 V	
	Data, Clock Set, Clear				0.1 0.2	mA	V_{CC} = MAX, V_{IN} = 7.0 V	
I_{IL}	Input LOW Current Data, Clock Set, Clear				−0.4 −0.8	mA	V_{CC} = MAX, V_{IN} = 0.4 V	
I_{OS}	Output Short Circuit Current (Note 1)		−20		−100	mA	V_{CC} = MAX	
I_{CC}	Power Supply Current				8.0	mA	V_{CC} = MAX	

Note 1: Not more than one output should be shorted at a time, nor for more than 1 second.

AC CHARACTERISTICS (T_A = 25°C, V_{CC} = 5.0 V)

Symbol	Parameter	Limits Min	Typ	Max	Unit	Test Conditions	
f_{MAX}	Maximum Clock Frequency	25	33		MHz	Figure 1	V_{CC} = 5.0 V C_L = 15 pF
t_{PLH}	Clock, Clear, Set to Output		13	25	ns	Figure 1	
t_{PHL}			25	40	ns		

AC SETUP REQUIREMENTS (T_A = 25°C)

Symbol	Parameter	Limits Min	Typ	Max	Unit	Test Conditions	
$t_{W(H)}$	Clock	25			ns	Figure 1	V_{CC} = 5.0 V
$t_{W(L)}$	Clear, Set	25			ns	Figure 2	
t_s	Data Setup Time — HIGH	20			ns	Figure 1	
	LOW	20			ns		
t_h	Hold Time	5.0			ns	Figure 1	

MOTOROLA

SN54/74LS76A

DUAL JK FLIP-FLOP WITH SET AND CLEAR

The SN54/74LS76A offers individual J, K, Clock Pulse, Direct Set and Direct Clear inputs. These dual flip-flops are designed so that when the clock goes HIGH, the inputs are enabled and data will be accepted. The Logic Level of the J and K inputs will perform according to the Truth Table as long as minimum set-up times are observed. Input data is transferred to the outputs on the HIGH-to-LOW clock transitions.

DUAL JK FLIP-FLOP WITH SET AND CLEAR

LOW POWER SCHOTTKY

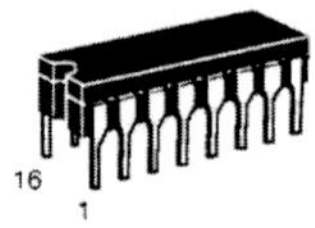

J SUFFIX
CERAMIC
CASE 620-09

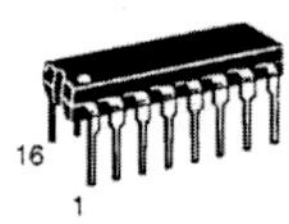

N SUFFIX
PLASTIC
CASE 648-08

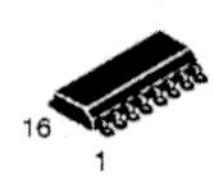

D SUFFIX
SOIC
CASE 751B-03

ORDERING INFORMATION

SN54LSXXJ	Ceramic
SN74LSXXN	Plastic
SN74LSXXD	SOIC

MODE SELECT — TRUTH TABLE

OPERATING MODE	INPUTS				OUTPUTS	
	S_D	C_D	J	K	Q	$\overline{Q}$
Set	L	H	X	X	H	L
Reset (Clear)	H	L	X	X	L	H
*Undetermined	L	L	X	X	H	H
Toggle	H	H	h	h	$\overline{q}$	q
Load "0" (Reset)	H	H	l	h	L	H
Load "1" (Set)	H	H	h	l	H	L
Hold	H	H	l	l	q	$\overline{q}$

*Both outputs will be HIGH while both S_D and C_D are LOW, but the output states are unpredictable if S_D and C_D go HIGH simultaneously.

H,h = HIGH Voltage Level
L,l = LOW Voltage Level
X = Immaterial
l, h (q) = Lower case letters indicate the state of the referenced input (or output) one setup time prior to the HIGH-to-LOW clock transition

LOGIC DIAGRAM

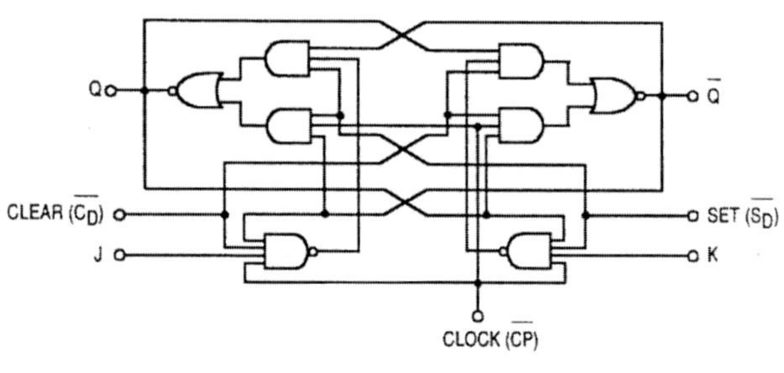

LOGIC SYMBOL

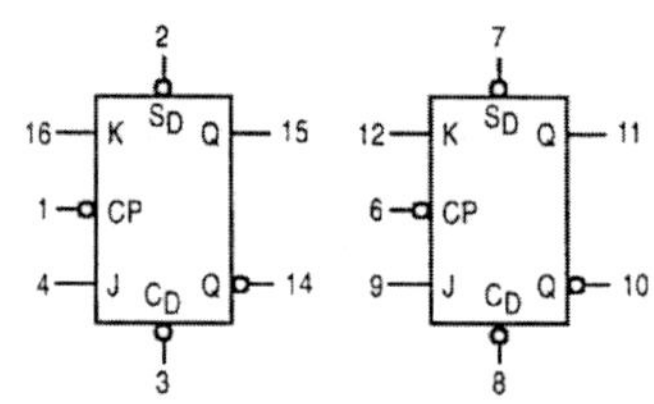

V_{CC} = PIN 5
GND = PIN 13

SN54/74LS76A

GUARANTEED OPERATING RANGES

Symbol	Parameter		Min	Typ	Max	Unit
V_{CC}	Supply Voltage	54 74	4.5 4.75	5.0 5.0	5.5 5.25	V
T_A	Operating Ambient Temperature Range	54 74	−55 0	25 25	125 70	°C
I_{OH}	Output Current — High	54, 74			−0.4	mA
I_{OL}	Output Current — Low	54 74			4.0 8.0	mA

DC CHARACTERISTICS OVER OPERATING TEMPERATURE RANGE (unless otherwise specified)

Symbol	Parameter		Limits Min	Limits Typ	Limits Max	Unit	Test Conditions	
V_{IH}	Input HIGH Voltage		2.0			V	Guaranteed Input HIGH Voltage for All Inputs	
V_{IL}	Input LOW Voltage	54			0.7	V	Guaranteed Input LOW Voltage for All Inputs	
		74			0.8			
V_{IK}	Input Clamp Diode Voltage			−0.65	−1.5	V	V_{CC} = MIN, I_{IN} = −18 mA	
V_{OH}	Output HIGH Voltage	54	2.5	3.5		V	V_{CC} = MIN, I_{OH} = MAX, V_{IN} = V_{IH} or V_{IL} per Truth Table	
		74	2.7	3.5		V		
V_{OL}	Output LOW Voltage	54, 74		0.25	0.4	V	I_{OL} = 4.0 mA	V_{CC} = V_{CC} MIN, V_{IN} = V_{IL} or V_{IH} per Truth Table
		74		0.35	0.5	V	I_{OL} = 8.0 mA	
I_{IH}	Input HIGH Current	J, K Clear Clock			20 60 80	µA	V_{CC} = MAX, V_{IN} = 2.7 V	
		J, K Clear Clock			0.1 0.3 0.4	mA	V_{CC} = MAX, V_{IN} = 7.0 V	
I_{IL}	Input LOW Current	J, K Clear, Clock			−0.4 −0.8	mA	V_{CC} = MAX, V_{IN} = 0.4 V	
I_{OS}	Short Circuit Current (Note 1)		−20		−100	mA	V_{CC} = MAX	
I_{CC}	Power Supply Current				6.0	mA	V_{CC} = MAX	

Note 1: Not more than one output should be shorted at a time, nor for more than 1 second.

AC CHARACTERISTICS (T_A = 25°C, V_{CC} = 5.0 V)

Symbol	Parameter	Limits Min	Limits Typ	Limits Max	Unit	Test Conditions
f_{MAX}	Maximum Clock Frequency	30	45		MHz	V_{CC} = 5.0 V C_L = 15 pF
t_{PLH}	Clock, Clear, Set to Output		15	20	ns	
t_{PHL}			15	20	ns	

AC SETUP REQUIREMENTS (T_A = 25°C)

Symbol	Parameter	Limits Min	Limits Typ	Limits Max	Unit	Test Conditions
t_W	Clock Pulse Width High	20			ns	V_{CC} = 5.0 V
t_W	Clear Set Pulse Width	25			ns	
t_s	Setup Time	20			ns	
t_h	Hold Time	0			ns	

MOTOROLA

SN54/74LS83A

4-BIT BINARY FULL ADDER WITH FAST CARRY

The SN54/74LS83A is a high-speed 4-Bit binary Full Adder with internal carry lookahead. It accepts two 4-bit binary words (A_1-A_4, B_1-B_4) and a Carry Input (C_0). It generates the binary Sum outputs $\Sigma_1-\Sigma_4$) and the Carry Output (C_4) from the most significant bit. The LS83A operates with either active HIGH or active LOW operands (positive or negative logic). The SN54/74LS283 is recommended for new designs since it is identical in function with this device and features standard corner power pins.

CONNECTION DIAGRAM DIP (TOP VIEW)

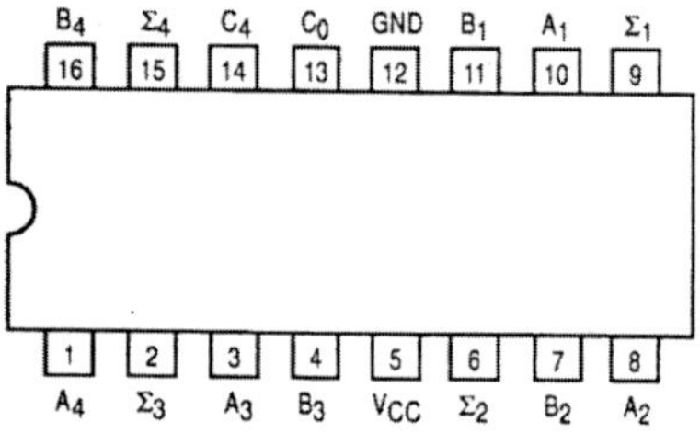

NOTE:
The Flatpak version has the same pinouts (Connection Diagram) as the Dual In-Line Package.

PIN NAMES

		LOADING (Note a) HIGH	LOW
A_1-A_4	Operand A Inputs	1.0 U.L.	0.5 U.L.
B_1-B_4	Operand B Inputs	1.0 U.L.	0.5 U.L.
C_0	Carry Input	0.5 U.L.	0.25 U.L.
$\Sigma_1-\Sigma_4$	Sum Outputs (Note b)	10 U.L.	5 (2.5) U.L.
C_4	Carry Output (Note b)	10 U.L.	5 (2.5) U.L.

NOTES:
a) 1 TTL Unit Load (U.L.) = 40 μA HIGH/1.6 mA LOW.
b) The Output LOW drive factor is 2.5 U.L. for Military (54) and 5 U.L. for Commercial (74) Temperature Ranges.

LOGIC DIAGRAM

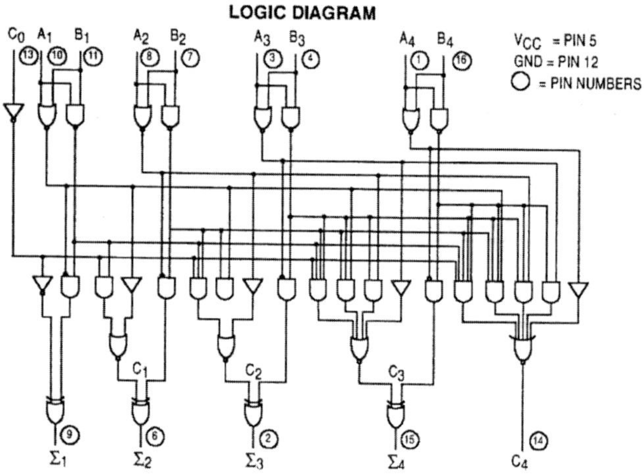

4-BIT BINARY FULL ADDER WITH FAST CARRY

LOW POWER SCHOTTKY

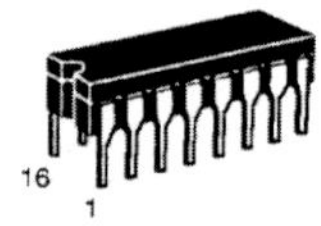

J SUFFIX
CERAMIC
CASE 620-09

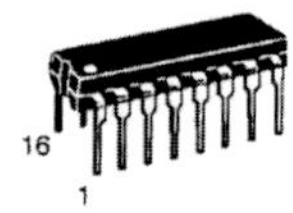

N SUFFIX
PLASTIC
CASE 648-08

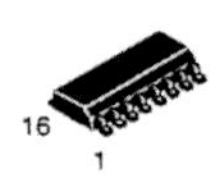

D SUFFIX
SOIC
CASE 751B-03

ORDERING INFORMATION

SN54LSXXJ	Ceramic
SN74LSXXN	Plastic
SN74LSXXD	SOIC

LOGIC SYMBOL

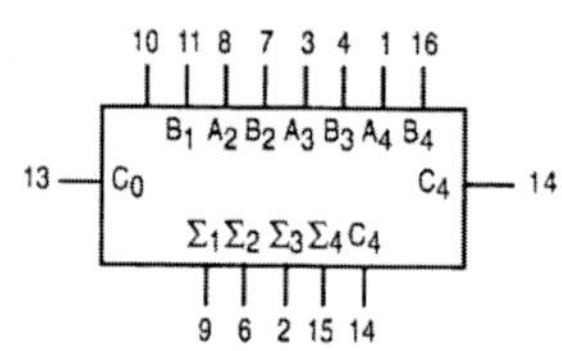

FUNCTIONAL DESCRIPTION

The LS83A adds two 4-bit binary words (A plus B) plus the incoming carry. The binary sum appears on the sum outputs ($\Sigma_1 - \Sigma_4$) and outgoing carry (C_4) outputs.

$$C_0 + (A_1+B_1)+2(A_2+B_2)+4(A_3+B_3)+8(A_4+B_4) = \Sigma_1+2\Sigma_2+4\Sigma_3+8\Sigma_4+16C_4$$

Where: (+) = plus

Due to the symmetry of the binary add function the LS83A can be used with either all inputs and outputs active HIGH (positive logic) or with all inputs and outputs active LOW (negative logic). Note that with active HIGH Inputs, Carry Input can not be left open, but must be held LOW when no carry in is intended.

Example:

	C_0	A_1	A_2	A_3	A_4	B_1	B_2	B_3	B_4	Σ_1	Σ_2	Σ_3	Σ_4	C_4	
Logic Levels	L	L	H	L	H	H	L	L	H	H	H	L	L	H	
Active HIGH	0	0	1	0	1	1	0	0	1	1	1	0	0	1	(10+9 = 19)
Active LOW	1	1	0	1	0	0	1	1	0	0	0	1	1	0	(carry+5+6 = 12)

Interchanging inputs of equal weight does not affect the operation, thus C_0, A_1, B_1, can be arbitrarily assigned to pins 10, 11, 13, etc.

FUNCTIONAL TRUTH TABLE

C (n−1)	A_n	B_n	Σ_n	C_n
L	L	L	L	L
L	L	H	H	L
L	H	L	H	L
L	H	H	L	H
H	L	L	H	L
H	L	H	L	H
H	H	L	L	H
H	H	H	H	H

C_1 — C_3 are generated internally
C_0 — is an external input
C_4 — is an output generated internally

GUARANTEED OPERATING RANGES

Symbol	Parameter		Min	Typ	Max	Unit
V_{CC}	Supply Voltage	54 74	4.5 4.75	5.0 5.0	5.5 5.25	V
T_A	Operating Ambient Temperature Range	54 74	−55 0	25 25	125 70	°C
I_{OH}	Output Current — High	54, 74			−0.4	mA
I_{OL}	Output Current — Low	54 74			4.0 8.0	mA

SN54/74LS83A

DC CHARACTERISTICS OVER OPERATING TEMPERATURE RANGE (unless otherwise specified)

Symbol	Parameter		Limits			Unit	Test Conditions	
			Min	Typ	Max			
V_{IH}	Input HIGH Voltage		2.0			V	Guaranteed Input HIGH Voltage for All Inputs	
V_{IL}	Input LOW Voltage	54			0.7	V	Guaranteed Input LOW Voltage for All Inputs	
		74			0.8			
V_{IK}	Input Clamp Diode Voltage			−0.65	−1.5	V	V_{CC} = MIN, I_{IN} = −18 mA	
V_{OH}	Output HIGH Voltage	54	2.5	3.5		V	V_{CC} = MIN, I_{OH} = MAX, V_{IN} = V_{IH} per Truth Table	
		74	2.7	3.5		V		
V_{OL}	Output LOW Voltage	54, 74		0.25	0.4	V	I_{OL} = 4.0 mA	V_{CC} = V_{CC} MIN, V_{IN} = V_{IL} or V_{IH} per Truth Table
		74		0.35	0.5	V	I_{OL} = 8.0 mA	
I_{IH}	Input HIGH Current C_0 A or B				20 40	μA	V_{CC} = MAX, V_{IN} = 2.7 V	
	C_0 A or B				0.1 0.2	mA	V_{CC} = MAX, V_{IN} = 7.0 V	
I_{IL}	Input LOW Current C_0 A or B				−0.4 −0.8	mA	V_{CC} = MAX, V_{IN} = 0.4 V	
I_{OS}	Output Short Circuit Current (Note 1)		−20		−100	mA	V_{CC} = MAX	
I_{CC}	Power Supply Current All Inputs Grounded All Inputs at 4.5 V, Except B All Inputs at 4.5 V				39 34 34	mA	V_{CC} = MAX	

Note 1: Not more than one output should be shorted at a time, nor for more than 1 second.

AC CHARACTERISTICS (T_A = 25°C)

Symbol	Parameter	Limits			Unit	Test Conditions
		Min	Typ	Max		
t_{PLH} t_{PHL}	Propagation Delay, C_0 Input to any Σ Output		16 15	24 24	ns	V_{CC} = 5.0 V C_L = 15 pF Figures 1 and 2
t_{PLH} t_{PHL}	Propagation Delay, Any A or B Input to Σ Outputs		15 15	24 24	ns	
t_{PLH} t_{PHL}	Propagation Delay, C_0 Input to C_4 Output		11 15	17 22	ns	
t_{PLH} t_{PHL}	Propagation Delay, Any A or B Input to C_4 Output		11 12	17 17	ns	

AC WAVEFORMS

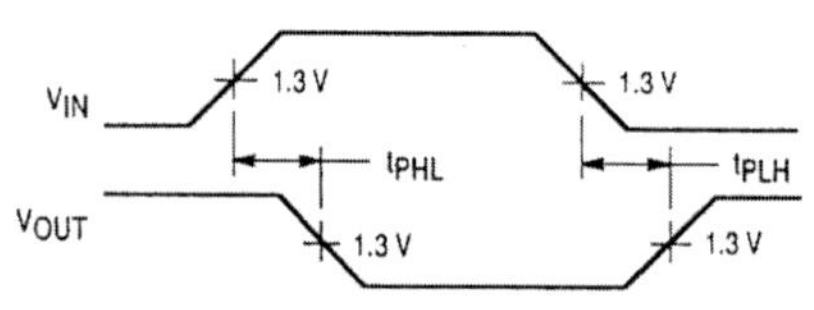

Figure 1

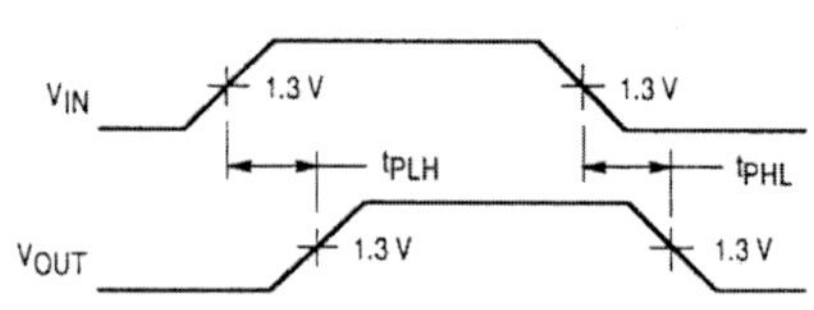

Figure 2

FAST AND LS TTL DATA

MOTOROLA

QUAD 2-INPUT EXCLUSIVE OR GATE

SN54/74LS86

QUAD 2-INPUT EXCLUSIVE OR GATE

LOW POWER SCHOTTKY

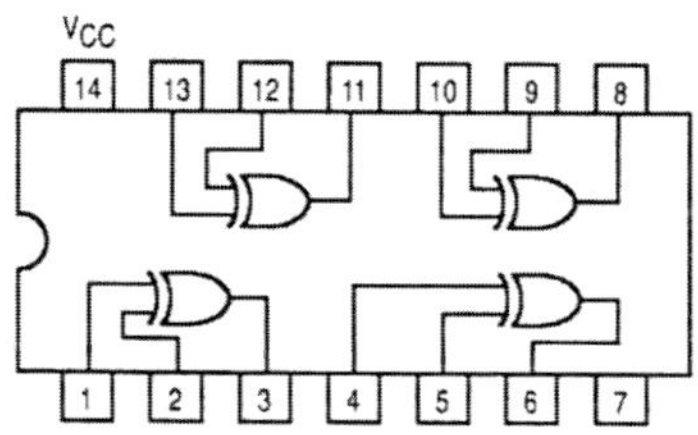

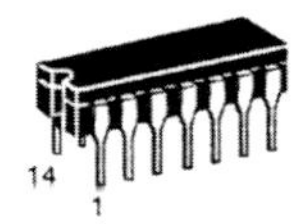

J SUFFIX
CERAMIC
CASE 632-08

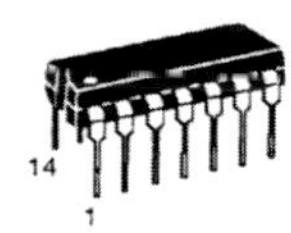

N SUFFIX
PLASTIC
CASE 646-06

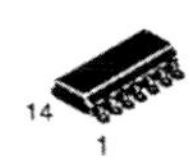

D SUFFIX
SOIC
CASE 751A-02

ORDERING INFORMATION

SN54LSXXJ Ceramic
SN74LSXXN Plastic
SN74LSXXD SOIC

TRUTH TABLE

IN		OUT
A	B	Z
L	L	L
L	H	H
H	L	H
H	H	L

GUARANTEED OPERATING RANGES

Symbol	Parameter		Min	Typ	Max	Unit
V_{CC}	Supply Voltage	54 74	4.5 4.75	5.0 5.0	5.5 5.25	V
T_A	Operating Ambient Temperature Range	54 74	−55 0	25 25	125 70	°C
I_{OH}	Output Current — High	54, 74			−0.4	mA
I_{OL}	Output Current — Low	54 74			4.0 8.0	mA

SN54/74LS86

DC CHARACTERISTICS OVER OPERATING TEMPERATURE RANGE (unless otherwise specified)

Symbol	Parameter		Limits Min	Typ	Max	Unit	Test Conditions
V_{IH}	Input HIGH Voltage		2.0			V	Guaranteed Input HIGH Voltage for All Inputs
V_{IL}	Input LOW Voltage	54			0.7	V	Guaranteed Input LOW Voltage for All Inputs
		74			0.8		
V_{IK}	Input Clamp Diode Voltage			−0.65	−1.5	V	V_{CC} = MIN, I_{IN} = −18 mA
V_{OH}	Output HIGH Voltage	54	2.5	3.5		V	V_{CC} = MIN, I_{OH} = MAX, V_{IN} = V_{IH} or V_{IL} per Truth Table
		74	2.7	3.5		V	
V_{OL}	Output LOW Voltage	54, 74		0.25	0.4	V	I_{OL} = 4.0 mA; V_{CC} = V_{CC} MIN, V_{IN} = V_{IL} or V_{IH} per Truth Table
		74		0.35	0.5	V	I_{OL} = 8.0 mA
I_{IH}	Input HIGH Current				40	µA	V_{CC} = MAX, V_{IN} = 2.7 V
					0.2	mA	V_{CC} = MAX, V_{IN} = 7.0 V
I_{IL}	Input LOW Current				−0.8	mA	V_{CC} = MAX, V_{IN} = 0.4 V
I_{OS}	Short Circuit Current (Note 1)		−20		−100	mA	V_{CC} = MAX
I_{CC}	Power Supply Current				10	mA	V_{CC} = MAX

Note 1: Not more than one output should be shorted at a time, nor for more than 1 second.

AC CHARACTERISTICS (T_A = 25°C)

Symbol	Parameter	Limits Min	Typ	Max	Unit	Test Conditions
t_{PLH} t_{PHL}	Propagation Delay, Other Input LOW		12 10	23 17	ns	V_{CC} = 5.0 V C_L = 15 pF
t_{PLH} t_{PHL}	Propagation Delay, Other Input HIGH		20 13	30 22	ns	

MOTOROLA

DECADE COUNTER; DIVIDE-BY-TWELVE COUNTER; 4-BIT BINARY COUNTER

SN54/74LS90
SN54/74LS92
SN54/74LS93

DECADE COUNTER; DIVIDE-BY-TWELVE COUNTER; 4-BIT BINARY COUNTER

LOW POWER SCHOTTKY

The SN54/74LS90, SN54/74LS92 and SN54/74LS93 are high-speed 4-bit ripple type counters partitioned into two sections. Each counter has a divide-by-two section and either a divide-by-five (LS90), divide-by-six (LS92) or divide-by-eight (LS93) section which are triggered by a HIGH-to-LOW transition on the clock inputs. Each section can be used separately or tied together (Q to CP) to form BCD, bi-quinary, modulo-12, or modulo-16 counters. All of the counters have a 2-input gated Master Reset (Clear), and the LS90 also has a 2-input gated Master Set (Preset 9).

- Low Power Consumption . . . Typically 45 mW
- High Count Rates . . . Typically 42 MHz
- Choice of Counting Modes . . . BCD, Bi-Quinary, Divide-by-Twelve, Binary
- Input Clamp Diodes Limit High Speed Termination Effects

PIN NAMES

		LOADING (Note a)	
		HIGH	LOW
$\overline{CP}_0$	Clock (Active LOW going edge) Input to ÷2 Section	0.5 U.L.	1.5 U.L.
$\overline{CP}_1$	Clock (Active LOW going edge) Input to ÷5 Section (LS90), ÷6 Section (LS92)	0.5 U.L.	2.0 U.L.
$\overline{CP}_1$	Clock (Active LOW going edge) Input to ÷8 Section (LS93)	0.5 U.L.	1.0 U.L.
MR_1, MR_2	Master Reset (Clear) Inputs	0.5 U.L.	0.25 U.L.
MS_1, MS_2	Master Set (Preset-9, LS90) Inputs	0.5 U.L.	0.25 U.L.
Q_0	Output from ÷2 Section (Notes b & c)	10 U.L.	5 (2.5) U.L.
Q_1, Q_2, Q_3	Outputs from ÷5 (LS90), ÷6 (LS92), ÷8 (LS93) Sections (Note b)	10 U.L.	5 (2.5) U.L.

NOTES:
a. 1 TTL Unit Load (U.L.) = 40 µA HIGH/1.6 mA LOW.
b. The Output LOW drive factor is 2.5 U.L. for Military, (54) and 5 U.L. for commercial (74) Temperature Ranges.
c. The Q_0 Outputs are guaranteed to drive the full fan-out plus the $\overline{CP}_1$ input of the device.
d. To insure proper operation the rise (t_r) and fall time (t_f) of the clock must be less than 100 ns.

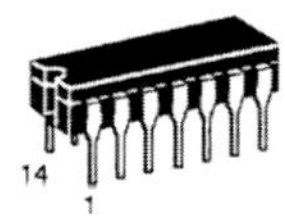

J SUFFIX
CERAMIC
CASE 632-08

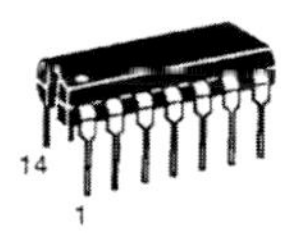

N SUFFIX
PLASTIC
CASE 646-06

D SUFFIX
SOIC
CASE 751A-02

ORDERING INFORMATION

SN54LSXXJ	Ceramic
SN74LSXXN	Plastic
SN74LSXXD	SOIC

LOGIC SYMBOL

LS90

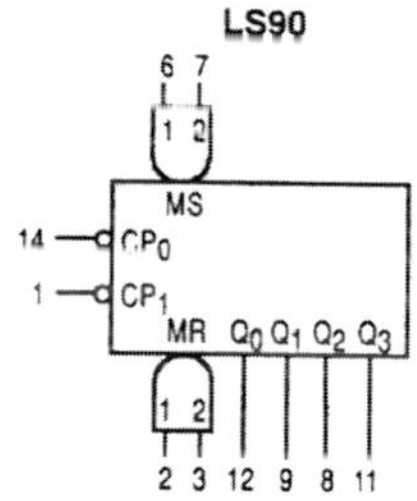

V_{CC} = PIN 5
GND = PIN 10
NC = PINS 4, 13

LS92

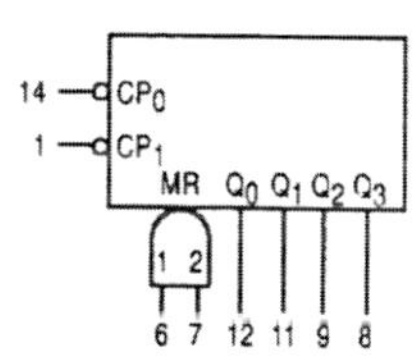

V_{CC} = PIN 5
GND = PIN 10
NC = PINS 2, 3, 4, 13

LS93

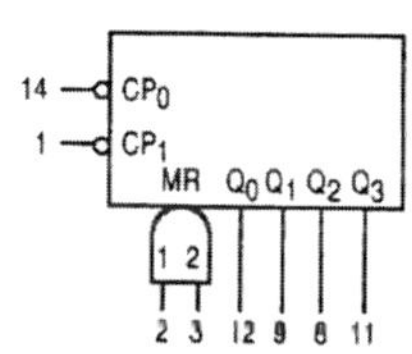

V_{CC} = PIN 5
GND = PIN 10
NC = PIN 4, 6, 7, 13

LOGIC DIAGRAM

LS90

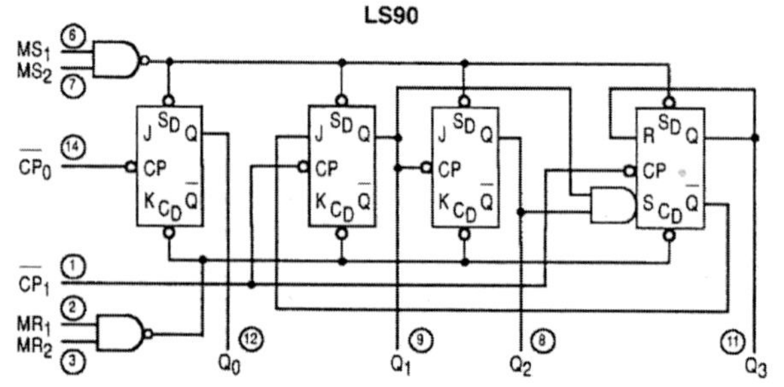

○ = PIN NUMBERS
V_{CC} = PIN 5
GND = PIN 10

CONNECTION DIAGRAM
DIP (TOP VIEW)

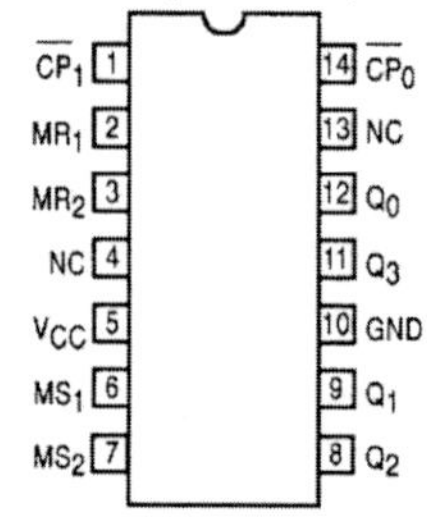

NC = NO INTERNAL CONNECTION

NOTE:
The Flatpak version has the same pinouts (Connection Diagram) as the Dual In-Line Package.

LOGIC DIAGRAM

LS92

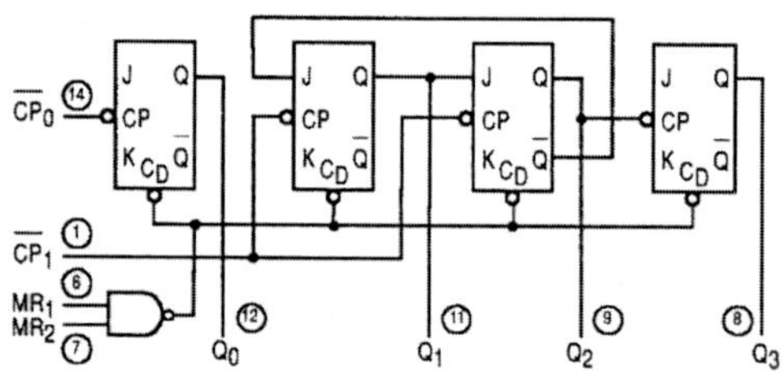

○ = PIN NUMBERS
V_{CC} = PIN 5
GND = PIN 10

CONNECTION DIAGRAM
DIP (TOP VIEW)

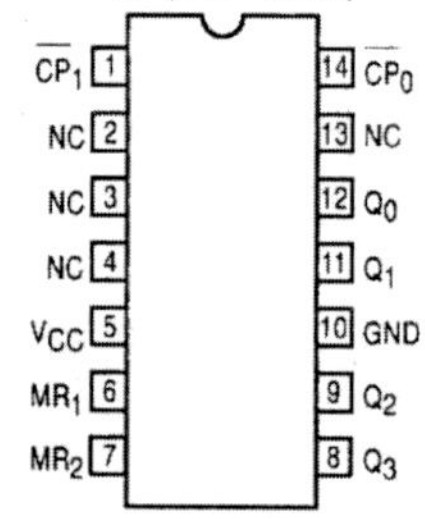

NC = NO INTERNAL CONNECTION

NOTE:
The Flatpak version has the same pinouts (Connection Diagram) as the Dual In-Line Package.

LOGIC DIAGRAM

LS93

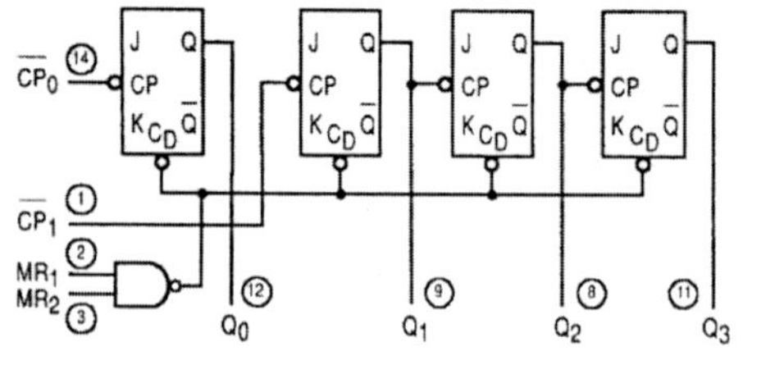

○ = PIN NUMBERS
V_{CC} = PIN 5
GND = PIN 10

CONNECTION DIAGRAM
DIP (TOP VIEW)

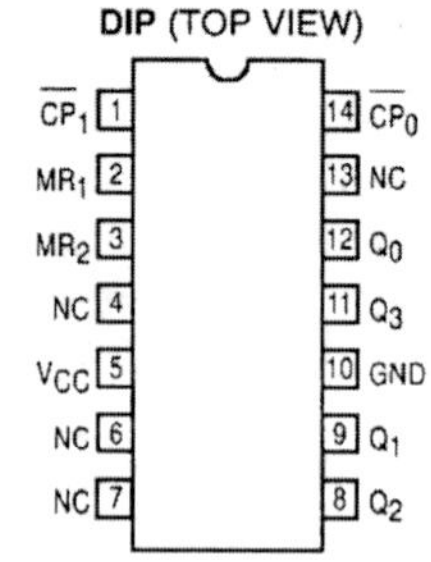

NC = NO INTERNAL CONNECTION

NOTE:
The Flatpak version has the same pinouts (Connection Diagram) as the Dual In-Line Package.

FUNCTIONAL DESCRIPTION

The LS90, LS92, and LS93 are 4-bit ripple type Decade, Divide-By-Twelve, and Binary Counters respectively. Each device consists of four master/slave flip-flops which are internally connected to provide a divide-by-two section and a divide-by-five (LS90), divide-by-six (LS92), or divide-by-eight (LS93) section. Each section has a separate clock input which initiates state changes of the counter on the HIGH-to-LOW clock transition. State changes of the Q outputs do not occur simultaneously because of internal ripple delays. Therefore, decoded output signals are subject to decoding spikes and should not be used for clocks or strobes. The Q_0 output of each device is designed and specified to drive the rated fan-out plus the CP_1 input of the device.

A gated AND asynchronous Master Reset ($MR_1 \bullet MR_2$) is provided on all counters which overrides and clocks and resets (clears) all the flip-flops. A gated AND asynchronous Master Set ($MS_1 \bullet MS_2$) is provided on the LS90 which overrides the clocks and the MR inputs and sets the outputs to nine (HLLH).

Since the output from the divide-by-two section is not internally connected to the succeeding stages, the devices may be operated in various counting modes.

LS90

A. BCD Decade (8421) Counter — The CP_1 input must be externally connected to the Q_0 output. The CP_0 input receives the incoming count and a BCD count sequence is produced.

B. Symmetrical Bi-quinary Divide-By-Ten Counter — The Q_3 output must be externally connected to the CP_0 input. The input count is then applied to the CP_1 input and a divide-by-ten square wave is obtained at output Q_0.

C. Divide-By-Two and Divide-By-Five Counter — No external interconnections are required. The first flip-flop is used as a binary element for the divide-by-two function (CP_0 as the input and Q_0 as the output). The CP_1 input is used to obtain binary divide-by-five operation at the Q_3 output.

LS92

A. Modulo 12, Divide-By-Twelve Counter — The CP_1 input must be externally connected to the Q_0 output. The CP_0 input receives the incoming count and Q_3 produces a symmetrical divide-by-twelve square wave output.

B. Divide-By-Two and Divide-By-Six Counter —No external interconnections are required. The first flip-flop is used as a binary element for the divide-by-two function. The CP_1 input is used to obtain divide-by-three operation at the Q_1 and Q_2 outputs and divide-by-six operation at the Q_3 output.

LS93

A. 4-Bit Ripple Counter — The output Q_0 must be externally connected to input CP_1. The input count pulses are applied to input CP_0. Simultaneous divisions of 2, 4, 8, and 16 are performed at the Q_0, Q_1, Q_2, and Q_3 outputs as shown in the truth table.

B. 3-Bit Ripple Counter— The input count pulses are applied to input CP_1. Simultaneous frequency divisions of 2, 4, and 8 are available at the Q_1, Q_2, and Q_3 outputs. Independent use of the first flip-flop is available if the reset function coincides with reset of the 3-bit ripple-through counter.

LS90 MODE SELECTION

RESET/SET INPUTS				OUTPUTS			
MR_1	MR_2	MS_1	MS_2	Q_0	Q_1	Q_2	Q_3
H	H	L	X	L	L	L	L
H	H	X	L	L	L	L	L
X	X	H	H	H	L	L	H
L	X	L	X	Count			
X	L	X	L	Count			
L	X	X	L	Count			
X	L	L	X	Count			

H = HIGH Voltage Level
L = LOW Voltage Level
X = Don't Care

LS92 AND LS93 MODE SELECTION

RESET INPUTS		OUTPUTS			
MR_1	MR_2	Q_0	Q_1	Q_2	Q_3
H	H	L	L	L	L
L	H	Count			
H	L	Count			
L	L	Count			

H = HIGH Voltage Level
L = LOW Voltage Level
X = Don't Care

LS90 BCD COUNT SEQUENCE

COUNT	OUTPUT			
	Q_0	Q_1	Q_2	Q_3
0	L	L	L	L
1	H	L	L	L
2	L	H	L	L
3	H	H	L	L
4	L	L	H	L
5	H	L	H	L
6	L	H	H	L
7	H	H	H	L
8	L	L	L	H
9	H	L	L	H

NOTE: Output Q_0 is connected to Input CP_1 for BCD count.

LS92 TRUTH TABLE

COUNT	OUTPUT			
	Q_0	Q_1	Q_2	Q_3
0	L	L	L	L
1	H	L	L	L
2	L	H	L	L
3	H	H	L	L
4	L	L	H	L
5	H	L	H	L
6	L	L	L	H
7	H	L	L	H
8	L	H	L	H
9	H	H	L	H
10	L	L	H	H
11	H	L	H	H

NOTE: Output Q_0 is connected to Input CP_1.

LS93 TRUTH TABLE

COUNT	OUTPUT			
	Q_0	Q_1	Q_2	Q_3
0	L	L	L	L
1	H	L	L	L
2	L	H	L	L
3	H	H	L	L
4	L	L	H	L
5	H	L	H	L
6	L	H	H	L
7	H	H	H	L
8	L	L	L	H
9	H	L	L	H
10	L	H	L	H
11	H	H	L	H
12	L	L	H	H
13	H	L	H	H
14	L	H	H	H
15	H	H	H	H

NOTE: Output Q_0 is connected to Input CP_1.

MOTOROLA

SN54/74LS151

8-INPUT MULTIPLEXER

The TTL/MSI SN54/74LS151 is a high speed 8-input Digital Multiplexer. It provides, in one package, the ability to select one bit of data from up to eight sources. The LS151 can be used as a universal function generator to generate any logic function of four variables. Both assertion and negation outputs are provided.

- Schottky Process for High Speed
- Multifunction Capability
- On-Chip Select Logic Decoding
- Fully Buffered Complementary Outputs
- Input Clamp Diodes Limit High Speed Termination Effects

8-INPUT MULTIPLEXER

LOW POWER SCHOTTKY

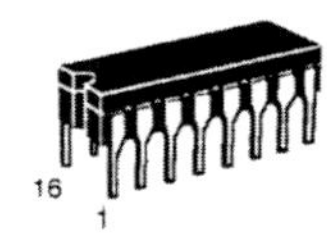

J SUFFIX
CERAMIC
CASE 620-09

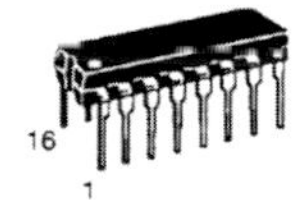

N SUFFIX
PLASTIC
CASE 648-08

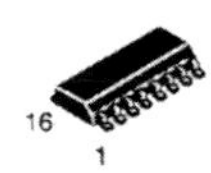

D SUFFIX
SOIC
CASE 751B-03

ORDERING INFORMATION

SN54LSXXXJ	Ceramic
SN74LSXXXN	Plastic
SN74LSXXXD	SOIC

CONNECTION DIAGRAM DIP (TOP VIEW)

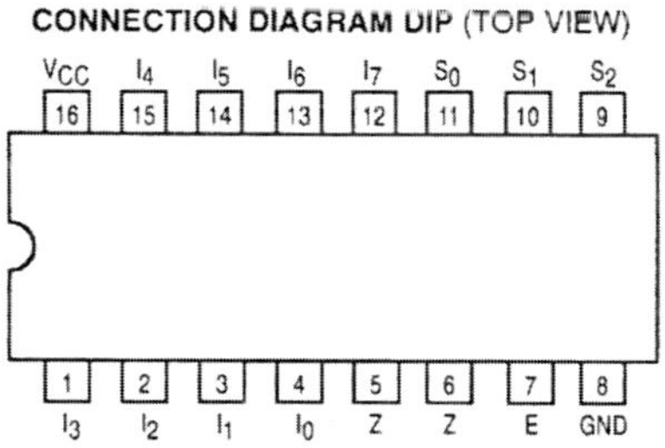

PIN NAMES / **LOADING** (Note a)

		HIGH	LOW
S_0–S_2	Select Inputs	0.5 U.L.	0.25 U.L.
$\overline{E}$	Enable (Active LOW) Input	0.5 U.L.	0.25 U.L.
I_0–I_7	Multiplexer Inputs	0.5 U.L.	0.25 U.L.
Z	Multiplexer Output (Note b)	10 U.L.	5 (2.5) U.L.
$\overline{Z}$	Complementary Multiplexer Output (Note b)	10 U.L.	5 (2.5) U.L.

NOTES:
a) 1 TTL Unit Load (U.L.) = 40 µA HIGH/1.6 mA LOW.
b) The Output LOW drive factor is 2.5 U.L. for Military (54) and 5 U.L. for Commercial (74) Temperature Ranges.

LOGIC SYMBOL

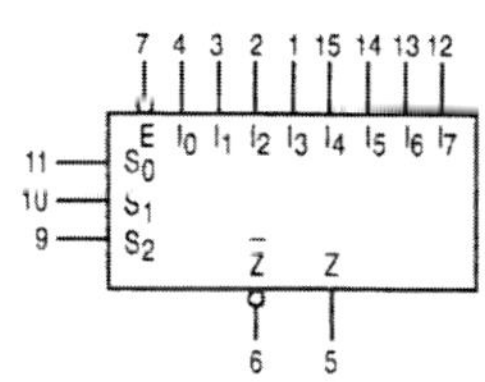

V_{CC} = PIN 16
GND = PIN 8

SN54/74LS151

LOGIC DIAGRAM

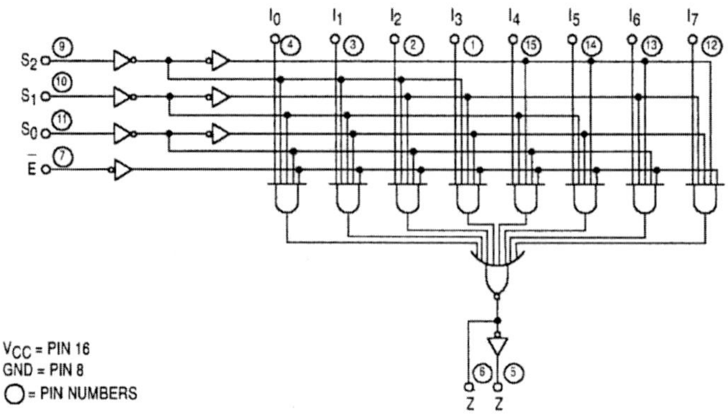

FUNCTIONAL DESCRIPTION

The LS151 is a logical implementation of a single pole, 8-position switch with the switch position controlled by the state of three Select inputs, S_0, S_1, S_2. Both assertion and negation outputs are provided. The Enable input (E) is active LOW. When it is not activated, the negation output is HIGH and the assertion output is LOW regardless of all other inputs. The logic function provided at the output is:

$$Z = \overline{E} \cdot (I_0 \cdot \overline{S_0} \cdot \overline{S_1} \cdot \overline{S_2} + I_1 \cdot S_0 \cdot \overline{S_1} \cdot \overline{S_2} + I_2 \cdot \overline{S_0} \cdot S_1 \cdot \overline{S_2} + I_3 \cdot S_0 \cdot S_1 \cdot \overline{S_2} + I_4 \cdot \overline{S_0} \cdot \overline{S_1} \cdot S_2 + I_5 \cdot S_0 \cdot \overline{S_1} \cdot S_2 + I_6 \cdot \overline{S_0} \cdot S_1 \cdot S_2 + I_7 \cdot S_0 \cdot S_1 \cdot S_2).$$

The LS151 provides the ability, in one package, to select from eight sources of data or control information. By proper manipulation of the inputs, the LS151 can provide any logic function of four variables and its negation.

TRUTH TABLE

$\overline{E}$	S_2	S_1	S_0	I_0	I_1	I_2	I_3	I_4	I_5	I_6	I_7	Z	Z
H	X	X	X	X	X	X	X	X	X	X	X	H	L
L	L	L	L	L	X	X	X	X	X	X	X	H	L
L	L	L	L	H	X	X	X	X	X	X	X	L	H
L	L	L	H	X	L	X	X	X	X	X	X	H	L
L	L	L	H	X	H	X	X	X	X	X	X	L	H
L	L	H	L	X	X	L	X	X	X	X	X	H	L
L	L	H	L	X	X	H	X	X	X	X	X	L	H
L	L	H	H	X	X	X	L	X	X	X	X	H	L
L	L	H	H	X	X	X	H	X	X	X	X	L	H
L	H	L	L	X	X	X	X	L	X	X	X	H	L
L	H	L	L	X	X	X	X	H	X	X	X	L	H
L	H	L	H	X	X	X	X	X	L	X	X	H	L
L	H	L	H	X	X	X	X	X	H	X	X	L	H
L	H	H	L	X	X	X	X	X	X	L	X	H	L
L	H	H	L	X	X	X	X	X	X	H	X	L	H
L	H	H	H	X	X	X	X	X	X	X	L	H	L
L	H	H	H	X	X	X	X	X	X	X	H	L	H

H = HIGH Voltage Level
L = LOW Voltage Level
X = Don't Care

SN54/74LS151

GUARANTEED OPERATING RANGES

Symbol	Parameter		Min	Typ	Max	Unit
V_{CC}	Supply Voltage	54 74	4.5 4.75	5.0 5.0	5.5 5.25	V
T_A	Operating Ambient Temperature Range	54 74	−55 0	25 25	125 70	°C
I_{OH}	Output Current — High	54, 74			−0.4	mA
I_{OL}	Output Current — Low	54 74			4.0 8.0	mA

DC CHARACTERISTICS OVER OPERATING TEMPERATURE RANGE (unless otherwise specified)

Symbol	Parameter		Limits Min	Typ	Max	Unit	Test Conditions	
V_{IH}	Input HIGH Voltage		2.0			V	Guaranteed Input HIGH Voltage for All Inputs	
V_{IL}	Input LOW Voltage	54			0.7	V	Guaranteed Input LOW Voltage for All Inputs	
		74			0.8			
V_{IK}	Input Clamp Diode Voltage			−0.65	−1.5	V	V_{CC} = MIN, I_{IN} = −18 mA	
V_{OH}	Output HIGH Voltage	54	2.5	3.5		V	V_{CC} = MIN, I_{OH} = MAX, V_{IN} = V_{IH} or V_{IL} per Truth Table	
		74	2.7	3.5		V		
V_{OL}	Output LOW Voltage	54, 74		0.25	0.4	V	I_{OL} = 4.0 mA	V_{CC} = V_{CC} MIN, V_{IN} = V_{IL} or V_{IH} per Truth Table
		74		0.35	0.5	V	I_{OL} = 8.0 mA	
I_{IH}	Input HIGH Current				20	µA	V_{CC} = MAX, V_{IN} = 2.7 V	
					0.1	mA	V_{CC} = MAX, V_{IN} = 7.0 V	
I_{IL}	Input LOW Current				−0.4	mA	V_{CC} = MAX, V_{IN} = 0.4 V	
I_{OS}	Short Circuit Current (Note 1)		−20		−100	mA	V_{CC} = MAX	
I_{CC}	Power Supply Current				10	mA	V_{CC} = MAX	

Note 1: Not more than one output should be shorted at a time, nor for more than 1 second.

AC CHARACTERISTICS (T_A = 25°C)

Symbol	Parameter	Limits Min	Typ	Max	Unit	Test Conditions
t_{PLH} t_{PHL}	Propagation Delay Select to Output Z		27 18	43 30	ns	V_{CC} = 5.0 V C_L = 15 pF
t_{PLH} t_{PHL}	Propagation Delay Select to Output Z		14 20	23 32	ns	
t_{PLH} t_{PHL}	Propagation Delay Enable to Output Z		26 20	42 32	ns	
t_{PLH} t_{PHL}	Propagation Delay Enable to Output Z		15 18	24 30	ns	
t_{PLH} t_{PHL}	Propagation Delay Data to Output Z		20 16	32 26	ns	
t_{PLH} t_{PHL}	Propagation Delay Data to Output Z		13 12	21 20	ns	

AC WAVEFORMS

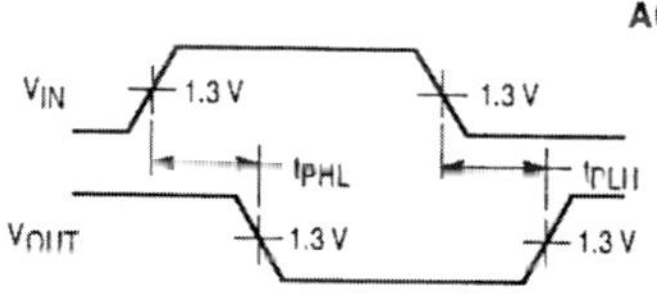

Figure 1

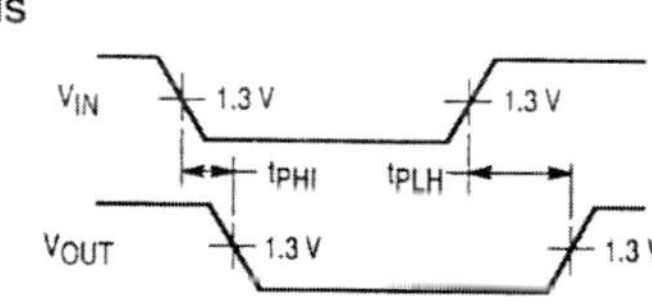

Figure 2

FAST AND LS TTL DATA

MOTOROLA

SERIAL-IN PARALLEL-OUT SHIFT REGISTER

The SN54/74LS164 is a high speed 8-Bit Serial-In Parallel-Out Shift Register. Serial data is entered through a 2-Input AND gate synchronous with the LOW to HIGH transition of the clock. The device features an asynchronous Master Reset which clears the register setting all outputs LOW independent of the clock. It utilizes the Schottky diode clamped process to achieve high speeds and is fully compatible with all Motorola TTL products.

- Typical Shift Frequency of 35 MHz
- Asynchronous Master Reset
- Gated Serial Data Input
- Fully Synchronous Data Transfers
- Input Clamp Diodes Limit High Speed Termination Effects
- ESD > 3500 Volts

CONNECTION DIAGRAM DIP (TOP VIEW)

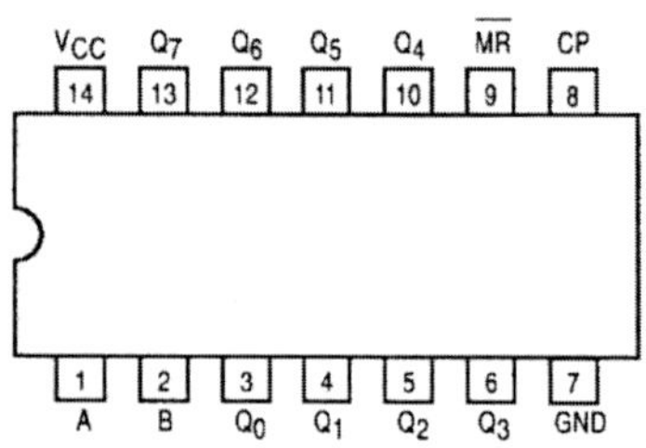

NOTE:
The Flatpak version has the same pinouts (Connection Diagram) as the Dual In-Line Package.

PIN NAMES

		LOADING (Note a) HIGH	LOW
A, B	Data Inputs	0.5 U.L.	0.25 U.L.
CP	Clock (Active HIGH Going Edge) Input	0.5 U.L.	0.25 U.L.
$\overline{MR}$	Master Reset (Active LOW) Input	0.5 U.L.	0.25 U.L.
$Q_0 - Q_7$	Outputs (Note b)	10 U.L.	5 (2.5) U.L.

NOTES:
a) 1 TTL Unit Load (U.L.) = 40 µA HIGH/1.6 mA LOW.
b) The Output LOW drive factor is 2.5 U.L. for Military (54) and 5 U.L. for Commercial (74) Temperature Ranges.

SN54/74LS164

SERIAL-IN PARALLEL-OUT SHIFT REGISTER

LOW POWER SCHOTTKY

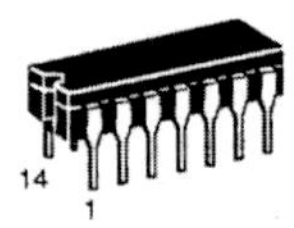

J SUFFIX
CERAMIC
CASE 632-08

N SUFFIX
PLASTIC
CASE 646-06

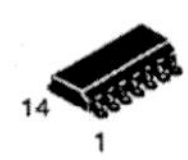

D SUFFIX
SOIC
CASE 751A-02

ORDERING INFORMATION

SN54LSXXXJ	Ceramic
SN74LSXXXN	Plastic
SN74LSXXXD	SOIC

LOGIC SYMBOL

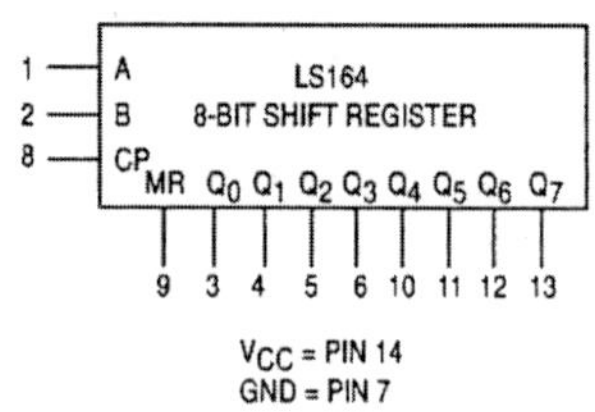

SN54/74LS164

LOGIC DIAGRAM

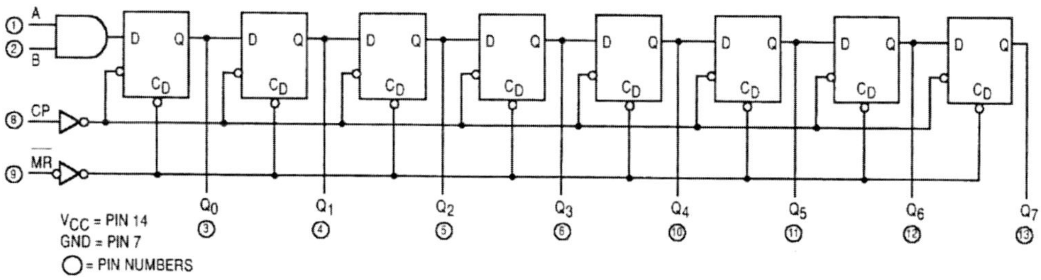

FUNCTIONAL DESCRIPTION

The LS164 is an edge-triggered 8-bit shift register with serial data entry and an output from each of the eight stages. Data is entered serially through one of two inputs (A or B); either of these inputs can be used as an active HIGH Enable for data entry through the other input. An unused input must be tied HIGH, or both inputs connected together.

Each LOW-to-HIGH transition on the Clock (CP) input shifts data one place to the right and enters into Q_0 the logical AND of the two data inputs (A•B) that existed before the rising clock edge. A LOW level on the Master Reset (MR) input overrides all other inputs and clears the register asynchronously, forcing all Q outputs LOW.

MODE SELECT — TRUTH TABLE

OPERATING MODE	INPUTS			OUTPUTS	
	MR	A	B	Q_0	Q_1–Q_7
Reset (Clear)	L	X	X	L	L – L
Shift	H	l	l	L	q_0 – q_6
	H	l	h	L	q_0 – q_6
	H	h	l	L	q_0 – q_6
	H	h	h	H	q_0 – q_6

L (l) = LOW Voltage Levels
H (h) = HIGH Voltage Levels
X = Don't Care
q_n = Lower case letters indicate the state of the referenced input or output one set-up time prior to the LOW to HIGH clock transition.

GUARANTEED OPERATING RANGES

Symbol	Parameter		Min	Typ	Max	Unit
V_{CC}	Supply Voltage	54 74	4.5 4.75	5.0 5.0	5.5 5.25	V
T_A	Operating Ambient Temperature Range	54 74	−55 0	25 25	125 70	°C
I_{OH}	Output Current — High	54, 74			−0.4	mA
I_{OL}	Output Current — Low	54 74			4.0 8.0	mA

MOTOROLA

SN54/74LS192
SN54/74LS193

PRESETTABLE BCD/DECADE UP/DOWN COUNTER
PRESETTABLE 4-BIT BINARY UP/DOWN COUNTER

The SN54/74LS192 is an UP/DOWN BCD Decade (8421) Counter and the SN54/74LS193 is an UP/DOWN MODULO-16 Binary Counter. Separate Count Up and Count Down Clocks are used and in either counting mode the circuits operate synchronously. The outputs change state synchronous with the LOW-to-HIGH transitions on the clock inputs.

Separate Terminal Count Up and Terminal Count Down outputs are provided which are used as the clocks for a subsequent stages without extra logic, thus simplifying multistage counter designs. Individual preset inputs allow the circuits to be used as programmable counters. Both the Parallel Load (PL) and the Master Reset (MR) inputs asynchronously override the clocks.

- Low Power . . . 95 mW Typical Dissipation
- High Speed . . . 40 MHz Typical Count Frequency
- Synchronous Counting
- Asynchronous Master Reset and Parallel Load
- Individual Preset Inputs
- Cascading Circuitry Internally Provided
- Input Clamp Diodes Limit High Speed Termination Effects

PRESETTABLE BCD/DECADE UP/DOWN COUNTER
PRESETTABLE 4-BIT BINARY UP/DOWN COUNTER
LOW POWER SCHOTTKY

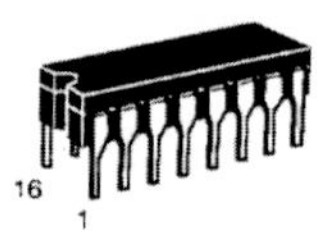

J SUFFIX
CERAMIC
CASE 620-09

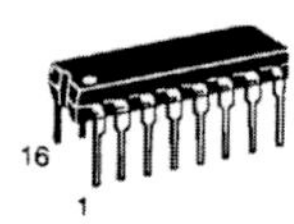

N SUFFIX
PLASTIC
CASE 648-08

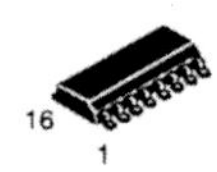

D SUFFIX
SOIC
CASE 751B-03

ORDERING INFORMATION

SN54LSXXXJ	Ceramic
SN74LSXXXN	Plastic
SN74LSXXXD	SOIC

CONNECTION DIAGRAM DIP (TOP VIEW)

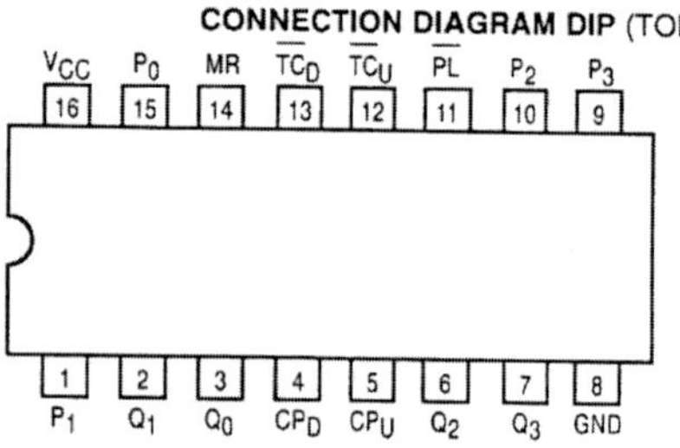

NOTE:
The Flatpak version has the same pinouts (Connection Diagram) as the Dual In-Line Package.

LOGIC SYMBOL

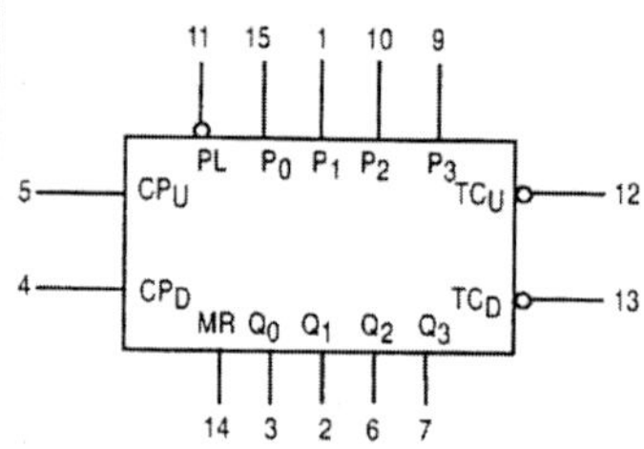

PIN NAMES

		LOADING (Note a) HIGH	LOW
CP_U	Count Up Clock Pulse Input	0.5 U.L.	0.25 U.L.
CP_D	Count Down Clock Pulse Input	0.5 U.L.	0.25 U.L.
MR	Asynchronous Master Reset (Clear) Input	0.5 U.L.	0.25 U.L.
PL	Asynchronous Parallel Load (Active LOW) Input	0.5 U.L.	0.25 U.L.
P_n	Parallel Data Inputs	0.5 U.L.	0.25 U.L.
Q_n	Flip-Flop Outputs (Note b)	10 U.L.	5 (2.5) U.L.
$\overline{TC}_D$	Terminal Count Down (Borrow) Output (Note b)	10 U.L.	5 (2.5) U.L.
$\overline{TC}_U$	Terminal Count Up (Carry) Output (Note b)	10 U.L.	5 (2.5) U.L.

NOTES:
a. 1 TTL Unit Load (U.L.) = 40 μA HIGH/1.6 mA LOW.
b. The Output LOW drive factor is 2.5 U.L. for Military (54) and 5 U.L. for Commercial (74) Temperature Ranges.

FUNCTIONAL DESCRIPTION

The LS192 and LS193 are Asynchronously Presettable Decade and 4-Bit Binary Synchronous UP/DOWN (Reversable) Counters. The operating modes of the LS192 decade counter and the LS193 binary counter are identical, with the only difference being the count sequences as noted in the State Diagrams. Each circuit contains four master/slave flip-flops, with internal gating and steering logic to provide master reset, individual preset, count up and count down operations.

Each flip-flop contains JK feedback from slave to master such that a LOW-to-HIGH transition on its T input causes the slave, and thus the Q output to change state. Synchronous switching, as opposed to ripple counting, is achieved by driving the steering gates of all stages from a common Count Up line and a common Count Down line, thereby causing all state changes to be initiated simultaneously. A LOW-to-HIGH transition on the Count Up input will advance the count by one; a similar transition on the Count Down input will decrease the count by one. While counting with one clock input, the other should be held HIGH. Otherwise, the circuit will either count by twos or not at all, depending on the state of the first flip-flop, which cannot toggle as long as either Clock input is LOW.

The Terminal Count Up ($\overline{TC}_U$) and Terminal Count Down (TC_D) outputs are normally HIGH. When a circuit has reached the maximum count state (9 for the LS192, 15 for the LS193), the next HIGH-to-LOW transition of the Count Up Clock will cause TC_U to go LOW. TC_U will stay LOW until CP_U goes HIGH again, thus effectively repeating the Count Up Clock, but delayed by two gate delays. Similarly, the TC_D output will go LOW when the circuit is in the zero state and the Count Down Clock goes LOW. Since the TC outputs repeat the clock waveforms, they can be used as the clock input signals to the next higher order circuit in a multistage counter.

Each circuit has an asynchronous parallel load capability permitting the counter to be preset. When the Parallel Load (PL) and the Master Reset (MR) inputs are LOW, information present on the Parallel Data inputs (P_0, P_3) is loaded into the counter and appears on the outputs regardless of the conditions of the clock inputs. A HIGH signal on the Master Reset input will disable the preset gates, override both Clock inputs, and latch each Q output in the LOW state. If one of the Clock inputs is LOW during and after a reset or load operation, the next LOW-to-HIGH transition of that Clock will be interpreted as a legitimate signal and will be counted.

MODE SELECT TABLE

MR	PL	CP_U	CP_D	MODE
H	X	X	X	Reset (Asyn.)
L	L	X	X	Preset (Asyn.)
L	H	H	H	No Change
L	H	↑	H	Count Up
L	H	H	↑	Count Down

L = LOW Voltage Level
H = HIGH Voltage Level
X = Don't Care
↑ = LOW-to-HIGH Clock Transition

GUARANTEED OPERATING RANGES

Symbol	Parameter		Min	Typ	Max	Unit
V_{CC}	Supply Voltage	54 74	4.5 4.75	5.0 5.0	5.5 5.25	V
T_A	Operating Ambient Temperature Range	54 74	−55 0	25 25	125 70	°C
I_{OH}	Output Current — High	54, 74			−0.4	mA
I_{OL}	Output Current — Low	54 74			4.0 8.0	mA

DC CHARACTERISTICS OVER OPERATING TEMPERATURE RANGE (unless otherwise specified)

Symbol	Parameter		Limits Min	Limits Typ	Limits Max	Unit	Test Conditions	
V_{IH}	Input HIGH Voltage		2.0			V	Guaranteed Input HIGH Voltage for All Inputs	
V_{IL}	Input LOW Voltage	54			0.7	V	Guaranteed Input LOW Voltage for All Inputs	
		74			0.8			
V_{IK}	Input Clamp Diode Voltage			−0.65	−1.5	V	V_{CC} = MIN, I_{IN} = −18 mA	
V_{OH}	Output HIGH Voltage	54	2.5	3.5		V	V_{CC} = MIN, I_{OH} = MAX, V_{IN} = V_{IH} or V_{IL} per Truth Table	
		74	2.7	3.5		V		
V_{OL}	Output LOW Voltage	54, 74		0.25	0.4	V	I_{OL} = 4.0 mA	V_{CC} = V_{CC} MIN, V_{IN} = V_{IL} or V_{IH} per Truth Table
		74		0.35	0.5	V	I_{OL} = 8.0 mA	
I_{IH}	Input HIGH Current				20	µA	V_{CC} = MAX, V_{IN} = 2.7 V	
					0.1	mA	V_{CC} = MAX, V_{IN} = 7.0 V	
I_{IL}	Input LOW Current				−0.4	mA	V_{CC} = MAX, V_{IN} = 0.4 V	
I_{OS}	Short Circuit Current (Note 1)		−20		−100	mA	V_{CC} = MAX	
I_{CC}	Power Supply Current				34	mA	V_{CC} = MAX	

Note 1: Not more than one output should be shorted at a time, nor for more than 1 second.

AC CHARACTERISTICS (T_A = 25°C)

Symbol	Parameter	Limits Min	Limits Typ	Limits Max	Unit	Test Conditions
f_{MAX}	Maximum Clock Frequency	25	32		MHz	V_{CC} = 5.0 V C_L = 15 pF
t_{PLH} t_{PHL}	$\overline{CP}_U$ Input to $\overline{TC}_U$ Output		17 18	26 24	ns	
t_{PLH} t_{PHL}	$\overline{CP}_D$ Input to $\overline{TC}_D$ Output		16 15	24 24	ns	
t_{PLH} t_{PHL}	Clock to Q		27 30	38 47	ns	
t_{PLH} t_{PHL}	$\overline{PL}$ to Q		24 25	40 40	ns	
t_{PHL}	MR Input to Any Output		23	35	ns	

![MOTOROLA]

MOTOROLA

4-BIT BIDIRECTIONAL UNIVERSAL SHIFT REGISTER

SN54/74LS194A

4-BIT BIDIRECTIONAL UNIVERSAL SHIFT REGISTER

LOW POWER SCHOTTKY

The SN54/74LS194A is a High Speed 4-Bit Bidirectional Universal Shift Register. As a high speed multifunctional sequential building block, it is useful in a wide variety of applications. It may be used in serial-serial, shift left, shift right, serial-parallel, parallel-serial, and parallel-parallel data register transfers. The LS194A is similar in operation to the LS195A Universal Shift Register, with added features of shift left without external connections and hold (do nothing) modes of operation. It utilizes the Schottky diode clamped process to achieve high speeds and is fully compatible with all Motorola TTL families.

- Typical Shift Frequency of 36 MHz
- Asynchronous Master Reset
- Hold (Do Nothing) Mode
- Fully Synchronous Serial or Parallel Data Transfers
- Input Clamp Diodes Limit High Speed Termination Effects

CONNECTION DIAGRAM DIP (TOP VIEW)

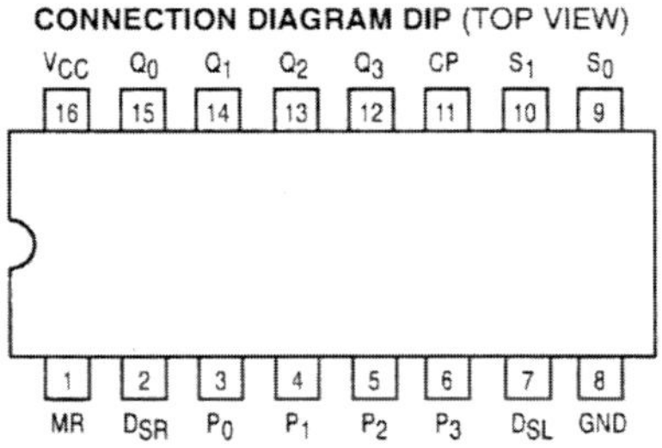

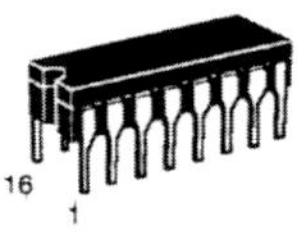

J SUFFIX
CERAMIC
CASE 620-09

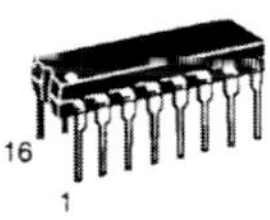

N SUFFIX
PLASTIC
CASE 648-08

D SUFFIX
SOIC
CASE 751B-03

ORDERING INFORMATION

SN54LSXXXJ	Ceramic
SN74LSXXXN	Plastic
SN74LSXXXD	SOIC

PIN NAMES		LOADING (Note a)	
		HIGH	LOW
S_0, S_1	Mode Control Inputs	0.5 U.L.	0.25 U.L.
P_0-P_3	Parallel Data Inputs	0.5 U.L.	0.25 U.L.
D_{SR}	Serial (Shift Right) Data Input	0.5 U.L.	0.25 U.L.
D_{SL}	Serial (Shift Left) Data Input	0.5 U.L.	0.25 U.L.
CP	Clock (Active HIGH Going Edge) Input	0.5 U.L.	0.25 U.L.
$\overline{MR}$	Master Reset (Active LOW) Input	0.5 U.L.	0.25 U.L.
Q_0-Q_3	Parallel Outputs (Note b)	10 U.L.	5 (2.5) U.L.

NOTES:
a. 1 TTL Unit Load (U.L.) = 40 µA HIGH/1.6 mA LOW.
b. The Output LOW drive factor is 2.5 U.L. for Military (54) and 5 U.L. for Commercial (74) Temperature Ranges.

SN54/74LS194A

LOGIC DIAGRAM

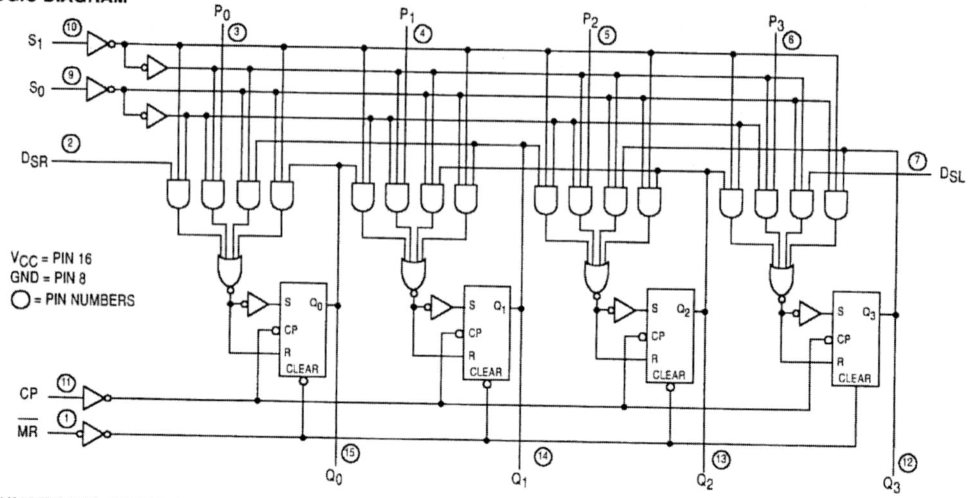

FUNCTIONAL DESCRIPTION

The Logic Diagram and Truth Table indicate the functional characteristics of the LS194A 4-Bit Bidirectional Shift Register. The LS194A is similar in operation to the Motorola LS195A Universal Shift Register when used in serial or parallel data register transfers. Some of the common features of the two devices are described below:

All data and mode control inputs are edge-triggered, responding only to the LOW to HIGH transition of the Clock (CP). The only timing restriction, therefore, is that the mode control and selected data inputs must be stable one set-up time prior to the positive transition of the clock pulse.

The register is fully synchronous, with all operations taking place in less than 15 ns (typical) making the device especially useful for implementing very high speed CPUs, or the memory buffer registers.

The four parallel data inputs (P_0, P_1, P_2, P_3) are D-type inputs. When both S_0 and S_1 are HIGH, the data appearing on P_0, P_1, P_2, and P_3 inputs is transferred to the Q_0, Q_1, Q_2, and Q_3 outputs respectively following the next LOW to HIGH transition of the clock.

The asynchronous Master Reset ($\overline{MR}$), when LOW, overrides all other input conditions and forces the Q outputs LOW.

Special logic features of the LS194A design which increase the range of application are described below:

Two mode control inputs (S_0, S_1) determine the synchronous operation of the device. As shown in the Mode Selection Table, data can be entered and shifted from left to right (shift right, $Q_0 \rightarrow Q_1$, etc.) or right to left (shift left, $Q_3 \rightarrow Q_2$, etc.), or parallel data can be entered loading all four bits of the register simultaneously. When both S_0 and S_1, are LOW, the existing data is retained in a "do nothing" mode without restricting the HIGH to LOW clock transition.

D-type serial data inputs (D_{SR}, D_{SL}) are provided on both the first and last stages to allow multistage shift right or shift left data transfers without interfering with parallel load operation.

MODE SELECT — TRUTH TABLE

OPERATING MODE	INPUTS						OUTPUTS			
	$\overline{MR}$	S_1	S_0	D_{SR}	D_{SL}	P_n	Q_0	Q_1	Q_2	Q_3
Reset	L	X	X	X	X	X	L	L	L	L
Hold	H	l	l	X	X	X	q_0	q_1	q_2	q_3
Shift Left	H	h	l	X	l	X	q_1	q_2	q_3	L
	H	h	l	X	h	X	q_1	q_2	q_3	H
Shift Right	H	l	h	l	X	X	L	q_0	q_1	q_2
	H	l	h	h	X	X	H	q_0	q_1	q_2
Parallel Load	H	h	h	X	X	P_n	P_0	P_1	P_2	P_3

L = LOW Voltage Level
H = HIGH Voltage Level
X = Don't Care
l = LOW voltage level one set-up time prior to the LOW to HIGH clock transition
h = HIGH voltage level one set-up time prior to the LOW to HIGH clock transition
p_n (q_n) = Lower case letters indicate the state of the referenced input (or output) one set-up time prior to the LOW to HIGH clock transition.

SN54/74LS194A

GUARANTEED OPERATING RANGES

Symbol	Parameter		Min	Typ	Max	Unit
V_{CC}	Supply Voltage	54 74	4.5 4.75	5.0 5.0	5.5 5.25	V
T_A	Operating Ambient Temperature Range	54 74	−55 0	25 25	125 70	°C
I_{OH}	Output Current — High	54, 74			−0.4	mA
I_{OL}	Output Current — Low	54 74			4.0 8.0	mA

DC CHARACTERISTICS OVER OPERATING TEMPERATURE RANGE (unless otherwise specified)

Symbol	Parameter		Limits Min	Limits Typ	Limits Max	Unit	Test Conditions	
V_{IH}	Input HIGH Voltage		2.0			V	Guaranteed Input HIGH Voltage for All Inputs	
V_{IL}	Input LOW Voltage	54			0.7	V	Guaranteed Input LOW Voltage for All Inputs	
		74			0.8			
V_{IK}	Input Clamp Diode Voltage			−0.65	−1.5	V	V_{CC} = MIN, I_{IN} = −18 mA	
V_{OH}	Output HIGH Voltage	54	2.5	3.5		V	V_{CC} = MIN, I_{OH} = MAX, V_{IN} = V_{IH} or V_{IL} per Truth Table	
		74	2.7	3.5		V		
V_{OL}	Output LOW Voltage	54, 74		0.25	0.4	V	I_{OL} = 4.0 mA	V_{CC} = V_{CC} MIN, V_{IN} = V_{IL} or V_{IH} per Truth Table
		74		0.35	0.5	V	I_{OL} = 8.0 mA	
I_{IH}	Input HIGH Current				20	µA	V_{CC} = MAX, V_{IN} = 2.7 V	
					0.1	mA	V_{CC} = MAX, V_{IN} = 7.0 V	
I_{IL}	Input LOW Current				−0.4	mA	V_{CC} = MAX, V_{IN} = 0.4 V	
I_{OS}	Short Circuit Current (Note 1)		−20		−100	mA	V_{CC} = MAX	
I_{CC}	Power Supply Current				23	mA	V_{CC} = MAX	

Note 1: Not more than one output should be shorted at a time, nor for more than 1 second.

AC CHARACTERISTICS (T_A = 25°C)

Symbol	Parameter	Limits Min	Limits Typ	Limits Max	Unit	Test Conditions
f_{MAX}	Maximum Clock Frequency	25	36		MHz	V_{CC} = 5.0 V C_L = 15 pF
t_{PLH} t_{PHL}	Propagation Delay, Clock to Output		14 17	22 26	ns	
t_{PHL}	Propagation Delay MR to Output		19	30	ns	

National Semiconductor

May 1997

LMC555 CMOS Timer

LMC555
CMOS Timer

General Description

The LMC555 is a CMOS version of the industry standard 555 series general purpose timers. It offers the same capability of generating accurate time delays and frequencies but with much lower power dissipation and supply current spikes. When operated as a one-shot, the time delay is precisely controlled by a single external resistor and capacitor. In the astable mode the oscillation frequency and duty cycle are accurately set by two external resistors and one capacitor. The use of National Semiconductor's LMCMOS™ process extends both the frequency range and low supply capability.

Features

- Less than 1 mW typical power dissipation at 5V supply
- 3 MHz astable frequency capability
- 1.5V supply operating voltage guaranteed
- Output fully compatible with TTL and CMOS logic at 5V supply
- Tested to −10 mA, +50 mA output current levels
- Reduced supply current spikes during output transitions
- Extremely low reset, trigger, and threshold currents
- Excellent temperature stability
- Pin-for-pin compatible with 555 series of timers
- Available in 8 pin MSOP Package

Block and Connection Diagrams

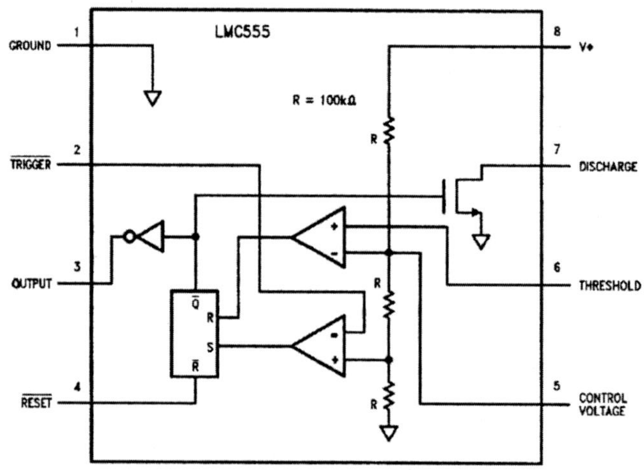

(Pinouts for Molded and Metal Can Packages are identical)

Order Number LMC555CH, LMC555CM, LMC555CMM or LMC555CN
See NS Package Number H08C, M08A, MUA08A, or N08E

LMCMOS™ is a trademark of National Semiconductor Corp.

www.national.com

Absolute Maximum Ratings (Note 2)

If Military/Aerospace specified devices are required, please contact the National Semiconductor Sales Office/ Distributors for availability and specifications.

Supply Voltage, V8	15V
Input Voltages, V2, V4, V5, V6	−0.3V to V_S + 0.3V
Output Voltages, V3, V7	15V
Output Current I3, I7	100 mA
Operating Temperature Range (Note 4)	−40°C to +85°C
Storage Temperature Range	−65°C to +150°C

Soldering Information

Dual-In-Line Package	
Soldering (10 seconds)	260°C
Small Outline Package (SOIC and MSOP)	
Vapor Phase (60 seconds)	215°C
Infrared (15 seconds)	220°C

See AN-450 "Surface Mounting Methods and Their Effect on Product Reliability" for other methods of soldering surface mount devices.

Electrical Characteristics (Notes 1, 2)

Test Circuit, T = 25°C, all switches open, $\overline{RESET}$ to V_S unless otherwise noted

Symbol	Parameter	Conditions	Min	Typ	Max	Units (Limits)
I8	Supply Current	V_S = 1.5V		50	150	
		V_S = 5V		100	250	μA
		V_S = 12V		150	400	
V5	Control Voltage	V_S = 1.5V	0.8	1.0	1.2	
		V_S = 5V	2.9	3.3	3.8	V
		V_S = 12V	7.4	8.0	8.6	
V7	Discharge Saturation Voltage	V_S = 1.5V, I_7 = 1 mA		75	150	mV
		V_S = 5V, I_7 = 10 mA		150	300	
$V3_L$	Output Voltage (Low)	V_S = 1.5V, I_3 =1 mA		0.2	0.4	
		V_S = 5V, I_3 = 8 mA		0.3	0.6	V
		V_S = 12V, I_3 = 50 mA		1.0	2.0	
$V3_H$	Output Voltage (High)	V_S = 1.5V, I_3 =−0.25 mA	1.0	1.25		
		V_S = 5V, I_3 = −2 mA	4.4	4.7		V
		V_S = 12V, I_3 = −10 mA	10.5	11.3		
V2	Trigger Voltage	V_S = 1.5V	0.4	0.5	0.6	V
		V_S = 12V	3.7	4.0	4.3	
I2	Trigger Current	V_S = 5V		10		pA
V4	Reset Voltage	V_S = 1.5V (Note 5)	0.4	0.7	1.0	V
		V_S = 12V	0.4	0.75	1.1	
I4	Reset Current	V_S = 5V		10		pA
I6	Threshold Current	V_S = 5V		10		pA
I7	Discharge Leakage	V_S = 12V		1.0	100	nA
t	Timing Accuracy	SW 2, 4 Closed				
		V_S = 1.5V	0.9	1.1	1.25	ms
		V_S = 5V	1.0	1.1	1.20	
		V_S = 12V	1.0	1.1	1.25	
Δt/ΔVs	Timing Shift with Supply	V_S = 5V ±1V		0.3		%/V
Δt/ΔT	Timing Shift with Temperature	V_S = 5V, −40°C ≤ T ≤ +85°C		75		ppm/°C
f_A	Astable Frequency	SW 1, 3 Closed, V_S = 12V	4.0	4.8	5.6	kHz
f_{MAX}	Maximum Frequency	Max. Freq. Test Circuit, V_S = 5V		3.0		MHz
t_R, t_F	Output Rise and Fall Times	Max. Freq. Test Circuit V_S = 5V, C_L = 10 pF		15		ns

Electrical Characteristics (Notes 1, 2)

Test Circuit, T = 25˚C, all switches open, $\overline{\text{RESET}}$ to V_S unless otherwise noted (Continued)

Symbol	Parameter	Conditions	Min	Typ	Max	Units (Limits)
t_{PD}	Trigger Propagation Delay	V_S = 5V, Measure Delay from Trigger to Output		100		ns

Note 1: All voltages are measured with respect to the ground pin, unless otherwise specified.

Note 2: Absolute Maximum Ratings indicate limits beyond which damage to the device may occur. Operating Ratings indicate conditions for which the device is functional, but do not guarantee specific performance limits. Electrical Characteristics state DC and AC electrical specifications under particular test conditions which guarantee specific performance limits. This assumes that the device is within the Operating Ratings. Specifications are not guaranteed for parameters where no limit is given, however, the typical value is a good indication of device performance.

Note 3: Refer to RETSC555X drawing for specifications of military LMC555H version.

Note 4: For operation at elevated temperatures, the device must be derated based on a 150˚C maximum junction temperature and a thermal resistance of 111˚C/W for the LMC555CN, 167˚C/W for the LMC555CH, 169˚C/W for the LMC555CM, and 225˚C/W for the LMC555MM. Maximum allowable dissipation at 25˚C is 1126 mW for the LMC555CN, 755 mW for the LMC555CH, 740 mW for the LMC555CM and 555 mW for the LMC555MM.

Note 5: If the $\overline{\text{RESET}}$ pin is to be used at temperatures of −20˚C and below V_S is required to be 2.0V or greater.

Test Circuit

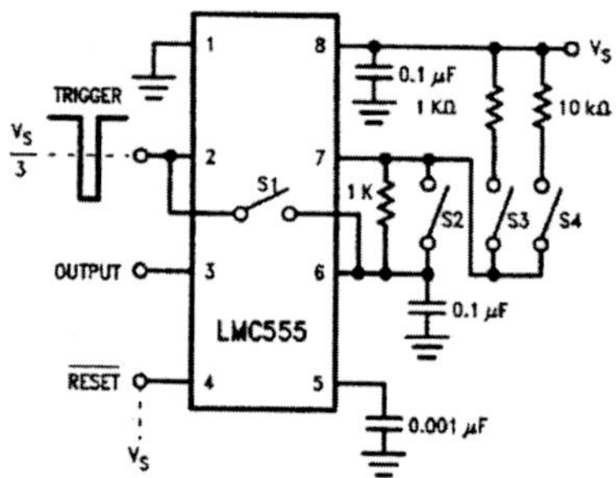

DS008669-2

Maximum Frequency Test Circuit

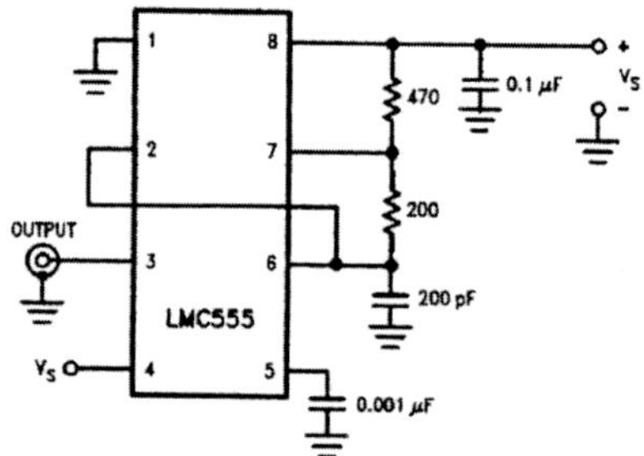

DS008669-3

Typical Applications

Monostable (One-Shot)

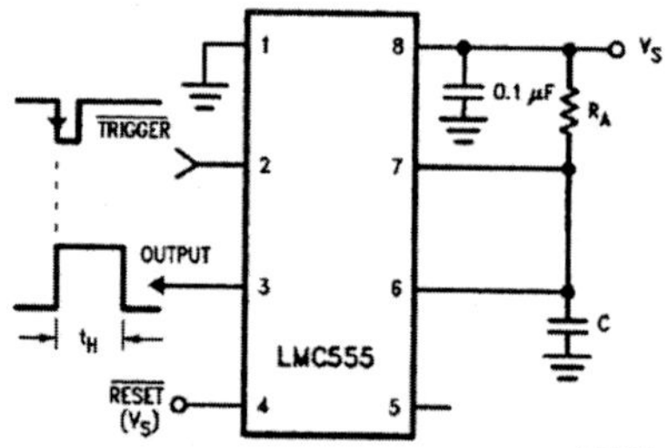

DS008669-4

t_H = 1.1 R_AC (Gives time that output is high following trigger)

$\overline{\text{RESET}}$ overrides $\overline{\text{TRIGGER}}$, which can override THRESHOLD. Therefore, the trigger pulse must be shorter than the desired t_H.

The minimum trigger pulse width is 20 ns.

The minimum reset pulse width is 400 ns.

Typical Applications (Continued)

Variable Duty Cycle Oscillator

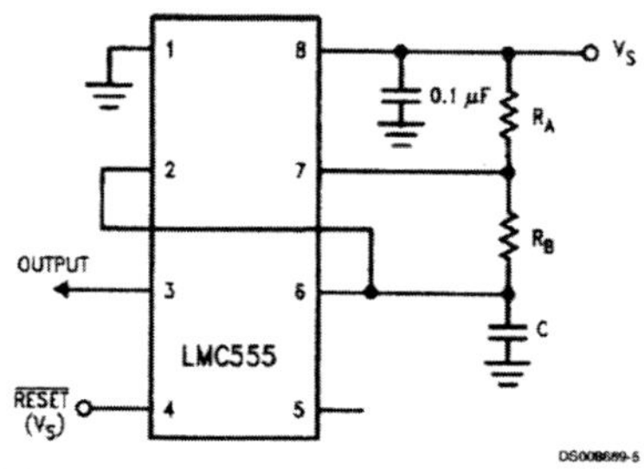

(Gives fraction of total period that output is low)

$$f_{OSC.} = \frac{1.44}{(R_A + 2R_B)C}$$

$$\text{Duty Cycle} = \frac{R_B}{R_A + 2R_B}$$

50% Duty Cycle Oscillator

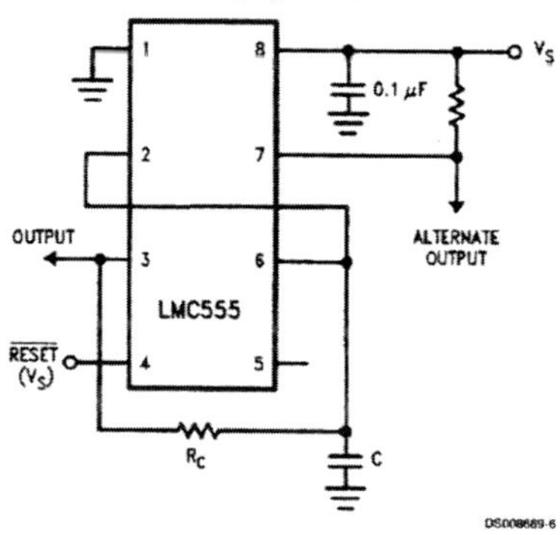

$$f_{OSC} = \frac{1}{1.4R_CC}$$

ASIC 설계 값 10,000원

2006년 9월 1일 초판 인쇄
2006년 9월 5일 초판 발행

저 자 河 永 善
발행자 金 炳 季
발행처 **普 文 堂**
서울특별시 마포구 신수동 448-6
등 록 1990. 6. 15 제 1-1066호
전 화 (02) 704-7025 / 704-0635
Fax (02) 704-2324

ISBN · 89-8413-109 1